注册公用设备工程师
执业资格考试

考点速记

给水排水专业基础

张工教育 编

内 容 提 要

给水排水专业基础考试由水文学和水文地质、水处理微生物学、水力学、水泵及水泵站、水分析化学、工程测量等部分构成。本书以现行注册公用设备工程师（给水排水）专业基础考试大纲为依据，组织富有教学和培训经验的相关主讲老师，结合历年考试题目，进行梳理、分析、总结编写而成。

本书力求全面覆盖考点，对教材中的各种常考公式、重要考点进行汇总、分类、提炼，为广大考生提供高效的复习资料，达到事半功倍的效果。

图书在版编目（CIP）数据

注册公用设备工程师执业资格考试考点速记．给水排水专业基础/张工教育编．—北京：中国电力出版社，2021.5（2024.3 重印）
ISBN 978-7-5198-5472-0

Ⅰ.①注… Ⅱ.①张… Ⅲ.①城市公用设施—资格考试—自学参考资料②给排水系统—资格考试—自学参考资料 Ⅳ.①TU99

中国版本图书馆 CIP 数据核字（2021）第 049070 号

出版发行：中国电力出版社
地　　址：北京市东城区北京站西街 19 号（邮政编码 100005）
网　　址：http://www.cepp.sgcc.com.cn
责任编辑：莫冰莹（010-63412526）
责任校对：黄　蓓　马　宁
装帧设计：赵姗姗
责任印制：杨晓东

印　　刷：北京锦鸿盛世印刷科技有限公司
版　　次：2021 年 5 月第一版
印　　次：2024 年 3 月北京第三次印刷
开　　本：880 毫米×1230 毫米　32 开本
印　　张：4.75
字　　数：115 千字
定　　价：35.00 元

版权专有　侵权必究

本书如有印装质量问题，我社营销中心负责退换

注册公用设备工程师执业资格考试 考点速记
给水排水专业基础

丛书前言

  注册公用设备工程师执业资格考试是为了加强对建设工程勘察、设计注册工程师的管理，维护公共利益和建筑市场秩序，提高建设工程勘察、设计质量与水平而举行的考试。注册公用设备工程师分暖通空调、给水排水、动力三个专业。

  注册公用设备工程师执业资格基础考试分公共基础和专业基础两部分。基础考试是闭卷考试，内容基本涵盖大学所学专业的全部基础科目。考试内容繁杂，记忆强度大。广大考生迫切需要一本针对性较强、知识点凝练，方便随身携带、随时学习的书籍。鉴于此，张工教育基础团队组织具有多年一线教学经验的授课老师，潜心研究考试大纲、剖析历年真题，结合考生的实际情况，编写了本系列书，旨在帮助考生轻松、顺利地通过注册公用设备工程师的基础考试。只有基础考试通过了，才有资格参加专业考试，才能取得注册公用设备工程师执业资格证书。张工教育编写的《注册公用设备工程师执业资格考试考点速记》本次出版公共基础、给水排水专业基础、暖通空调及动力专业基础三册，后续将陆续出版注册类考试各专业考点速记。

  本系列考点速记特点：

  1. 紧扣大纲、同步指导：紧扣现行大纲，与历年真题及教材同步，总结精炼，全面覆盖考试内容。

  2. 分门别类、体系完备：系统化梳理各个科目的知识要点,构建学科知识体系,对知识要点进行归类总结,通过图表的方式表达清晰。

3. **考点明晰、命中率高**:本书由具有多年注册考试教学一线的主讲老师编写,全面把握考试动态,考点命中率极高。

4. **快速查阅、方便实用**:本书编排方便查阅,便于考生利用零散的时间复习应试。

本书在编写过程中得到热心考生的支持,在此一并致谢。由于本书涉及内容较多,限于编者水平,书中不免有疏漏之处,敬请读者批评指正。

目录

丛书前言

第1章 水文学和水文地质 1

1.1 水文学概念 3
- 1.1.1 河川径流 3
- 1.1.2 水位与流量关系曲线 4
- 1.1.3 泥沙测算 5
- 1.1.4 流域水量平衡 5
- 1.1.5 河流和流域特征 6

1.2 水文统计与洪、枯径流 8
- 1.2.1 审查资料的要求 8
- 1.2.2 我国水文计算经验频率计算公式 8
- 1.2.3 统计参数——变差系数 9
- 1.2.4 统计参数——偏态系数 9
- 1.2.5 统计参数对频率曲线的影响 9
- 1.2.6 抽样误差 10
- 1.2.7 相关分析法 10
- 1.2.8 设计年径流量 10
- 1.2.9 洪水 11
- 1.2.10 特大洪水重现期 11
- 1.2.11 影响枯水径流的因素 12

1.3 暴雨洪峰流量 ······ 12
1.3.1 暴雨公式 ······ 12
1.3.2 洪峰流量 ······ 12
1.4 地下水储存 ······ 13
1.4.1 地质构造 ······ 13
1.4.2 地下水形成 ······ 17
1.4.3 地下水储存 ······ 20
1.4.4 地下水循环 ······ 21
1.5 地下水运动 ······ 23
1.5.1 渗透 ······ 23
1.5.2 渗流 ······ 23
1.5.3 渗流总结 ······ 23
1.5.4 渗流速度与实际流速的关系 ······ 23
1.5.5 水力坡度 ······ 24
1.5.6 总水头按伯努利定律 ······ 24
1.5.7 达西定律（线性渗透定律） ······ 24
1.5.8 完整井和非完整井 ······ 25
1.5.9 潜水完整井稳定流裘布依公式 ······ 25
1.5.10 承压完整井裘布依公式 ······ 25
1.6 地下水分布特征 ······ 26
1.6.1 河谷冲积物空隙水的总体特征表现 ······ 26
1.6.2 岩溶水 ······ 26
1.6.3 沙漠地区的地下水 ······ 26
1.6.4 山区丘陵区的裂隙水 ······ 27
1.7 地下水资源评价 ······ 27
1.7.1 地下水资源的组成 ······ 27
1.7.2 地下水补给量计算 ······ 28

  1.7.3 地下水储存量计算 ················· 29
  1.7.4 地下水开采量评价 ················· 30

第2章 水处理微生物学 ························· 31

2.1 细菌的形态和结构 ························· 33
  2.1.1 细菌的形态 ······················ 33
  2.1.2 细胞结构和功能 ··················· 34
  2.1.3 生长繁殖 ························ 37
  2.1.4 命名 ···························· 38

2.2 细菌的分类和生理功能 ····················· 38
  2.2.1 营养类型划分 ····················· 38
  2.2.2 影响酶活力因素 ··················· 39
  2.2.3 细菌的呼吸类型 ··················· 41
  2.2.4 细菌的生长 ······················ 45

2.3 其他微生物 ····························· 49
  2.3.1 其他微生物 ······················ 49
  2.3.2 原生动物和后生动物 ················ 51
  2.3.3 微生物关系 ······················ 55

2.4 水的卫生细菌学 ·························· 56
  2.4.1 水中病原细菌 ····················· 56
  2.4.2 水中微生物控制方法 ················ 56
  2.4.3 水的卫生学检验 ··················· 57

2.5 废水生物处理 ··························· 59
  2.5.1 污染物的降解与转化 ················ 59
  2.5.2 废水生物处理方法 ·················· 60
  2.5.3 水体污染与自净的指示生物 ············ 62

第3章 水力学 ······ 65

3.1 水静力学 ······ 67
3.1.1 流体的特点 ······ 67
3.1.2 流体的连续介质模型 ······ 67
3.1.3 流体的主要物性 ······ 67
3.1.4 流体内摩擦定律 ······ 67
3.1.5 流体的静压强及其特性 ······ 67
3.1.6 等压面 ······ 68
3.1.7 流体静压强的表示方法 ······ 68
3.1.8 作用于平面的液体总压力 ······ 68
3.1.9 作用于曲面的液体总压力 ······ 68

3.2 水动力学理论 ······ 68
3.2.1 描述流体运动的两种研究方法 ······ 68
3.2.2 时变加速度与位变加速度 ······ 69
3.2.3 恒定流动和非恒定流动 ······ 69
3.2.4 迹线及迹线微分方程 ······ 69
3.2.5 流线及其性质、流线微分方程 ······ 69
3.2.6 均匀流与非均匀流 ······ 70
3.2.7 流体运动的连续性方程 ······ 70
3.2.8 伯努利方程 ······ 70
3.2.9 伯努利方程式的适用条件 ······ 70
3.2.10 测压原理 ······ 71
3.2.11 恒定总流的动量方程 ······ 71

3.3 水流阻力和水头损失 ······ 71
3.3.1 造成流体流动水头损失的原因 ······ 71
3.3.2 层流和湍流的判别准则——临界雷诺数 ······ 72

  3.3.3 圆管层流断面的切应力公式 …………… 72
  3.3.4 圆管层流断面的流速公式 …………… 72
  3.3.5 湍流运动的特征 …………… 72
  3.3.6 湍流运动的阻力 …………… 72
  3.3.7 湍流核心区流速分布 …………… 73
  3.3.8 沿程阻力系数与雷诺数 Re、相对粗糙度 K/d 之间的关系 …………… 73
  3.3.9 水力半径 R 和当量直径 d_e。 …………… 73

3.4 孔口、管嘴出流和有压管路 …………… 73
  3.4.1 孔口出流的定义及重要公式 …………… 73
  3.4.2 管嘴恒定出流的条件及重要公式 …………… 74
  3.4.3 有压管道恒定流重要公式 …………… 74

3.5 明渠恒定流 …………… 75
  3.5.1 水力半径及当量直径 …………… 75
  3.5.2 明渠均匀流的形成条件 …………… 75
  3.5.3 明渠均匀流的水力计算公式 …………… 75
  3.5.4 明渠均匀流的水力最优断面 …………… 76
  3.5.5 管道无压流的水流特征 …………… 76
  3.5.6 明渠非均匀流的水力特征 …………… 76
  3.5.7 明渠恒定非均匀流的三种流态 …………… 76
  3.5.8 明渠恒定非均匀流的流态判别方法 …………… 76
  3.5.9 断面单位能量（断面比能） …………… 77
  3.5.10 临界水深 …………… 78
  3.5.11 临界比能 …………… 78
  3.5.12 临界底坡 …………… 78

3.6 堰流 …………… 79
  3.6.1 堰流的特点 …………… 79

- 3.6.2 堰的分类 …… 79
- 3.6.3 堰流过流能力的基本公式 …… 79
- 3.6.4 流量系数 m 的取值范围 …… 79
- 3.6.5 三角形薄壁堰的流量公式 …… 80
- 3.6.6 宽顶堰淹没条件 …… 80
- 3.6.7 小桥过流现象 …… 80
- 3.6.8 消力池 …… 80

第4章 水泵及水泵站 …… 81

4.1 水泵及其分类 …… 83
- 4.1.1 泵定义 …… 83
- 4.1.2 水泵的分类 …… 83

4.2 叶片式水泵 …… 83
- 4.2.1 离心泵结构 …… 83
- 4.2.2 轴流泵结构 …… 83
- 4.2.3 混流泵结构 …… 84

4.3 离心泵 …… 85
- 4.3.1 离心泵工作原理 …… 85
- 4.3.2 离心泵性能参数 …… 85
- 4.3.3 离心泵基本方程式 …… 86
- 4.3.4 水泵性能曲线 …… 87
- 4.3.5 管道系统特性曲线与水头损失特性曲线 …… 88

4.4 水泵运行工况点 …… 88
- 4.4.1 水泵定速运行工况点 …… 88
- 4.4.2 工况点改变 …… 90
- 4.4.3 调速运行 …… 91

4.5 比转数 ·· 92
4.5.1 比转数计算公式 ·· 92
4.5.2 各类泵比转数汇总 ·· 92
4.6 离心泵的并联与串联运行（图解法）····························· 93
4.6.1 两同一对称（等扬程流量叠加）······························· 93
4.6.2 一同两不同（折引后等扬程流量叠加）······················ 94
4.6.3 串联运行（等流量扬程叠加）································ 94
4.7 吸水管路压力变化·· 95
4.8 气穴、气蚀、气蚀余量、安装高度································ 96
4.8.1 水泵的吸水性能的衡量··· 96
4.8.2 安装高度·· 96
4.9 轴流泵及混流泵··· 97
4.10 给水泵站·· 98
4.10.1 泵站分类··· 98
4.10.2 泵站供电··· 98
4.10.3 机组布置··· 99
4.10.4 吸水管路与压水管路·· 100
4.10.5 水锤·· 100
4.10.6 泵站噪声··· 101
4.11 排水泵站·· 101
4.11.1 排水泵站分类·· 101
4.11.2 排水泵站构造·· 101
4.11.3 管道布置··· 101
4.11.4 雨水泵站··· 102
4.11.5 合流泵站··· 102
4.12 螺旋泵污水泵站·· 102

第5章 水分析化学 ……………………………… 103

5.1 水分析化学过程质量保证 ………………… 105
5.1.1 准确度 ………………………………… 105
5.1.2 精密度 ………………………………… 105
5.1.3 系统误差 ……………………………… 105
5.1.4 减少系统误差的途径 ………………… 106
5.1.5 偶然误差 ……………………………… 106
5.1.6 过失误差（错误） …………………… 107
5.1.7 水样预处理 …………………………… 107
5.1.8 水量保存 ……………………………… 107
5.1.9 有效数字 ……………………………… 108

5.2 酸碱理论 …………………………………… 108
5.2.1 酸碱平衡 ……………………………… 108
5.2.2 酸碱滴定 ……………………………… 112
5.2.3 碱度测定 ……………………………… 113

5.3 络合滴定 …………………………………… 114
5.3.1 络合反应基本概念 …………………… 114
5.3.2 影响络合反应的因素 ………………… 115
5.3.3 络合反应的应用 ……………………… 116

5.4 沉淀滴定 …………………………………… 117
5.4.1 沉淀滴定一些基本概念 ……………… 117
5.4.2 影响沉淀平衡的因素 ………………… 117
5.4.3 沉淀滴定的应用 ……………………… 118

5.5 氧化还原滴定 ……………………………… 119
5.5.1 氧化还原反应基本概念 ……………… 119

- 5.5.2 常用氧化还原滴定法（高锰酸钾法） …… 122
- 5.5.3 重铬酸钾法滴定原理 …… 124
- 5.5.4 碘量法滴定 …… 126
- 5.5.5 TOC/TOD …… 127

5.6 吸收光谱法 …… 127
- 5.6.1 朗伯—比耳定律 …… 127
- 5.6.2 光度计 …… 127

5.7 电化学分析法 …… 128
- 5.7.1 原理和分类 …… 128
- 5.7.2 直接电位分析法 …… 128

第6章 工程测量 …… 131

6.1 测量误差基本知识 …… 133
- 6.1.1 测量误差 …… 133
- 6.1.2 观测值精度评定 …… 133
- 6.1.3 误差传播定律 …… 134

6.2 控制测量 …… 134
- 6.2.1 导线测量的内业计算 …… 136
- 6.2.2 三角高程测量 …… 136

6.3 地形图测绘 …… 137

6.4 建筑工程测量 …… 137
- 6.4.1 测设已知高程 …… 137
- 6.4.2 点的平面位置的测设 …… 138

注册公用设备工程师执业资格考试 **考点速记**
给水排水专业基础

第 1 章
水文学和水文地质

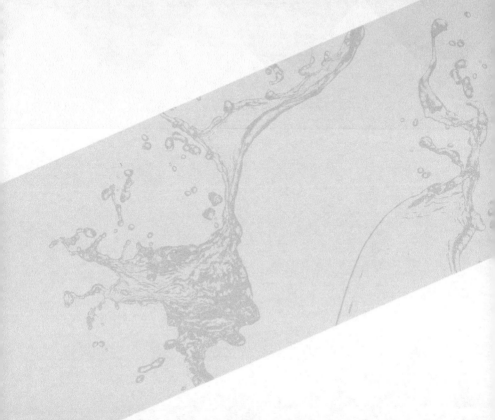

第 1 章

水文学和水文地质

第1章 水文学和水文地质

水文学是研究自然界中各种水体的形成、分布、循环和环境相互作用规律的一门科学。应用水文学原理解决工程问题、环境问题和水资源问题，在现在社会发展中正发挥着越来越重要的作用。

1.1 水文学概念

1.1.1 河川径流

1. 水文现象的特征

(1) 时程变化——周期性与随机性对立统一。

(2) 地区分布——相似性与特殊性对立统一。

2. 水文现象的研究方法

成因分析法、数理统计法、地理综合法。

成因分析法：利用水文现象的确定性规律解决水文问题的方法。

数理统计法：基于水文现象具有随机特性，可根据概率理论，运用数理统计方法，在长期实测所获得的水文资料基础上，求得水文现象特征值的统计规律，为工程规划设计提供所需的水文数据。

地理综合法：在水文资料短缺时，利用水文比拟法或地区经验公式。

3. 河川径流特征值

(1) 流量 Q：单位时间内通过河流过水断面的水量，单位 m^3/s。

(2) 径流总量 W：一段时间 T 内通过河流过水断面的总水量，单位 m^3，有

$$W = QT \qquad (1-1)$$

其中，T 若以 1 年计，$T=31.54\times 10^6$ s。

(3) 径流模数 M：单位流域面积 F 上平均产生的流量，单位 L/(s·km²)，有

$$M = \frac{1000Q}{F} \qquad (1-2)$$

(4) 径流深度 R：计算时段内的径流总量 W 折算成全流域面积上的平均水深，单位 mm，有

$$R = \frac{W}{1000F} \qquad (1-3)$$

(5) 径流系数 α：同一时段内流域上的径流深度 R 与降水量 P 的比值，有

$$\alpha = \frac{R}{P} \qquad (1-4)$$

4．水文循环

水文循环：蒸发、降雨、入渗、径流。

大循环：陆地→海洋。

小循环：海洋→天空→海洋；陆面→天空→陆面。

5．水分交换

天空、地面和地下之间通过降水、蒸发和入渗过程进行垂向水分交换。

海洋和陆地之间水分交换特点：海洋和陆地之间的水汽输送是双向交换，总的结果是由海洋向陆地输送的水分是正的；陆地还以地面径流和地下径流的形式向海洋输送水分。

1.1.2 水位与流量关系曲线

(1) 稳定水位——流量关系曲线单一。

(2) 非稳定的水位——洪水涨落影响水位，流量关系曲线为逆时针绳套曲线。

1.1.3 泥沙测算

(1) 含沙量：单位体积内所含干沙的质量，用 C_S 表示，单位为 kg/m^3，有

$$C_S = W_S/V \tag{1-5}$$

式中　W_S——水样中的干沙质量，g 或 kg；
　　　V——水样体积，L 或 m^3。

(2) 输沙率：单位时间流过河流某断面的干沙质量，用 Q_S 表示，单位为 kg/s，有

$$Q_S = QC_S \tag{1-6}$$

式中　Q——断面流量，m^3/s。

1.1.4 流域水量平衡

1. 水量平衡原理

进入的水量与输出水量之差等于该地区内的需水量变化。

(1) 当研究对象为陆地时，有

陆地蒸发量＋入海径流量＝陆地降水量＋

陆地在研究时段内蓄水量的变量（多年平均为 0）

多年来平均水量平衡方程为

陆地多年平均蒸发量＋多年平均入海径流量

＝陆地多年平均降水量

(2) 当研究对象为海洋时，有

海洋多年平均蒸发量＝海洋多年平均降水量＋

多年平均入海径流量

2. 常用水量平衡方程

(1) 径流量与净雨量。

径流量＝降雨量－蒸发量±区域内蓄水变量（闭合流域）

净雨量＝降雨量－损失量（植物截留、填洼、下渗、蒸发）

　　　＝径流量

(2) 多年平均的大洋水量平衡方程。
$$蒸发量=降水量+径流量$$
(3) 多年平均的陆地水量平衡方程。
$$降水量=径流量+蒸发量$$
(4) 水量平衡方程。
年降水总量=年径流总量+年蒸发总量±蓄水量之差

1.1.5 河流和流域特征

1. 河长

自河源沿河道至河口的长度,在地图上沿河流的中泓线用曲线仪量出。

2. 水面横比降

在河流横断面上存在水面横比降,使得水流在向下游运动过程中,产生横向环流。

3. 河流纵断面

沿河流的中泓线的所剖的断面,反映河底纵坡和落差的分布,是推求水流特性和估算水能蕴藏量的主要依据。

4. 河流纵比降

河段沿河流方向的高程差与相应的河长的比值,有

$$i = (H_上 - H_下)/L \qquad (1-7)$$

5. 分水线

流域边界线,每个流域的分水线是流域四周地面最高点的连线,通常是流域四周的山脊线。

6. 流域划分

汇集地面水和地下水的区域称为流域,即分水线所包围的区域,地面分水线与地下分水线重合为闭合流域,否则为不闭合流域,一般研究闭合流域。

7. 降水要素

降水量、降水历时、降水强度。

8. 流域平均降水量

由于降水的不均匀性（一次降雨所笼罩范围内的各点雨量强度和持续时间可能都不一样），个别雨量站所观测的降水情况，只能代表该站附近小范围的降水情况，而在工程设计中，常需要掌握一个流域或区域特定时段平均降水量情况，又称面降水量。

计算方法：

(1) 算术平均法：流域内各雨量站同时期的降水量进行算术平均。

(2) 等值线图法。

(3) 泰森多边形法：假定流域各处的降水量由距离最近的雨量站代表，流域平均降水量由各雨量站所控制的面积进行加权得到，又称最近距离法。

9. 下渗

下渗是水文循环的基本环节，也是最难定量的要素之一。下渗是一次降雨的主要损失量，但是下渗量（单位：mm）难以估量，对地下水和需水植物来说，是一种补给。下渗率（f）或称为下渗强度，为单位时间内下渗的水量，单位 mm/h。

10. 下渗特征

下渗特征的表示有下渗曲线和下渗量累积曲线，分为渗润阶段、渗漏阶段、渗透阶段 3 个阶段。

初渗率 f_0 与土质和土壤初始含水量有关，稳渗率 f_c 仅与土质有关。

11. 径流

径流是指在流域中，从降水到达地面至水流从流域出口断面流出的物理过程。径流是水文循环的主要环节。

河川径流是下落到地面上的降水,由地面和地下汇流到河槽并沿河槽流动的水流的统称。

12. 产流阶段

降雨和蓄渗阶段合称产流阶段。

净雨和它所形成的径流在水量上是相等的,径流的来源是净雨,净雨的汇流结果是径流。

13. 汇流阶段

坡面汇流及河槽(河网)汇流称为汇流阶段,该阶段存在损失,主要是下渗损失,称为后损。

1.2 水文统计与洪、枯径流

1.2.1 审查资料的要求

可靠性、一致性、代表性。

1.2.2 我国水文计算经验频率计算公式

$$P(X \geqslant X_i) = \frac{m}{n+1} \qquad (1-8)$$

对于洪峰流量,有

$$T = \frac{1}{P} \qquad (1-9)$$

对于枯水流量,有

$$T = \frac{1}{1-P} \qquad (1-10)$$

研究洪峰流量、洪水水位和暴雨等问题时(一般要求的设计频率 $P<50\%$),研究枯水流量、枯水位问题时(一般要求设计频率 $P>50\%$),故两种情形下重现期的计算公式不同。

1.2.3 统计参数——变差系数

$$C_V = \frac{1}{\overline{x}}\sqrt{\frac{\sum_{i=1}^{n}(x_i - \overline{x})^2}{n}} \qquad (1-11)$$

式中 n——系列的总项数，样本容量值适用于总体。

对于样本，采用修正后的无偏估计式，即

$$C_V = \frac{1}{\overline{x}}\sqrt{\frac{\sum_{i=1}^{n}(x_i - \overline{x})^2}{n-1}} \qquad (1-12)$$

均方差大，系列在均值两旁分布分散，系列变化幅度大；均方差小，系列在均值两旁分布集中，系列变化幅度小。

1.2.4 统计参数——偏态系数

偏态系数反映密度曲线的对称特征，即衡量系列在均值的两侧分布对称或不对称（偏态）程度的系数，因此 C_S 可正、可负、可等于 0。

当 $C_S=0$ 时，系列在均值两旁成对称布置，即样本中出现大于均值和小于均值的机会同样多，又称正态分布。

当 $C_S>0$ 时，属于正偏分布，系列在均值两旁不对称分布，即样本中出现大于均值的机会比小于均值的机会少。

当 $C_S<0$ 时，属于负偏分布，系列在均值两旁不对称分布，即样本中出现小于均值的机会比大于均值的机会少。

正偏情况下，C_S 越大，密度曲线的众数位置右移。

1.2.5 统计参数对频率曲线的影响

当 C_V、C_S 相同时，当 C_V、C_S 相同时，随着均值的增大，概率密度曲线向右移动；均值大的频率曲线位于均值小的频率曲线之上。

当 $C_V=0$ 时，频率曲线为水平线，C_V 越大，频率曲线越陡（频率曲线顺时针旋转）。

当 $C_S=0$ 时，频率曲线为一条直线，C_S 越大，频率曲线中部上端越陡，中段曲率变大，下端变缓（概率曲线由直变弯）。

1.2.6 抽样误差

由统计参数的均方误差公式，抽样误差的影响因素包括样本容量 n、C_V 和 C_S，与均值无关；样本容量越大，样本对总体的代表性越好，抽样误差越小，这就是水文计算中取较长水文系列的原因。

1.2.7 相关分析法

为了增加系列的代表性，提高样本容量，减少抽样误差，需要对已有的实测资料系列进行插补和延长。

1. 回归系数 $R_{y/x}$ 与 $R_{x/y}$

$$R_{y/x} = r\frac{\sigma_y}{\sigma_x} \quad (1-13)$$

$$R_{x/y} = r\frac{\sigma_x}{\sigma_y} \quad (1-14)$$

2. 相关系数 r

$$r = \sqrt{R_{y/x} \cdot R_{x/y}} \quad (1-15)$$

3. 两个回归系数的关系

一般来说，两条回归直线并不相同，但都经过均值点。

1.2.8 设计年径流量

1. 设计（频率）标准下的年径流量

（1）长期观测资料（大于 30 年）：（目适）适线法。

（2）资料不足（大于 30 年）：相关分析法＋适线法。

（3）缺乏资料：参数等值线图法或水文比拟法。

注：等值线图法和水文比拟法都属于地理综合法，常见的地理综合法还包括经验公式法。

2. 年径流量的年内分配

年径流量的年内分配指设计年径流量在一年内的变化过程。

1.2.9 洪水

1. 洪水概念

洪水是一种特殊的径流，多由流域内暴雨、冰雪等引起。短期内使大量径流汇入河槽，河中水位和流量骤增。

洪水三要素：洪峰流量、洪水总量、洪水过程线。

2. 推求设计洪水的方法

(1) 用洪水流量资料推求（修正的水文频率分析法）。

(2) 用暴雨资料推求。

(3) 地理综合法：用经验公式推求。

3. 设计洪水选样

我国采用"年最大值法"，对于洪峰，每年只选一个最大的瞬时洪峰流量；对于洪量，一般对不同固定时间每年选取一个最大洪水总量。

1.2.10 特大洪水重现期

(1) 从发生年代至今为最大。

洪水重现期 $N = $ 设计年份 $-$ 发生年份 $+1$ （1-16）

(2) 从考证的最远年份至今为最大。

洪水重现期 $N = $ 设计年份 $-$ 调查考证期最远年份 $+1$

（1-17）

(3) 不连续 N 年系列中特大洪水经验频率公式。

$$P_M = \frac{M}{N+1} \quad (1-18)$$

式中　M——特大洪水由大到小排列序号；

　　　N——调查考证的年数。

(4) 连续 N 年系列中特大洪水经验频率公式。

$$P_M = \frac{m}{n+1} \quad (1-19)$$

式中　m——实测系列由大到小排列序号；

　　　n——调查考证的年数。

(5) 特大洪水标准：洪峰流量是一般洪水均值的 2～3 倍以上。

(6) 特大洪水重现期的确定：实测期、调查考证期。

1.2.11　影响枯水径流的因素

人类经济活动——水土保持、修建水库、引水灌溉。

1.3　暴雨洪峰流量

1.3.1　暴雨公式

暴雨强度是描述暴雨特征的重要指标，也是决定暴雨设计洪峰流量的主要因素。暴雨强度 q 随降水历时 t 增加而减小，随着重现期 T 而增加，有

$$q = \frac{167 A_1 (1 + C \lg T)}{(t+b)^n} \quad (1-20)$$

1.3.2　洪峰流量

1. 净雨历时与洪峰流量

当净雨历时<流域汇流时间，洪峰流量由部分流域面积上全部净雨形成。

当净雨历时=流域汇流时间，洪峰流量由全部流域面积上全部净雨形成。

当净雨历时>流域汇流时间，洪峰流量由全部流域面积上部分净雨形成。

小流域推导洪峰流量公式时，重点分析：暴雨强度、暴雨

损失、流域汇流。

2. 降水

降水是水文循环的基本环节,是河川径流的来源。

降雨三要素:降雨量、降雨历时、降雨强度。

3. 等流时线原理

地面径流的汇流过程,包括坡地漫流和河槽集流两个相继发生的阶段。

汇流时间:净雨从流域上某点至出口断面所经历的时间。

等流时线:流域上,汇流时间相等点的连线。即落在线上的净雨各水质点通过坡地漫流和河槽集流到出口断面所需的汇流时间相等。

等流时面积:相邻两条等流时线之间的面积。

流域汇流时间(流域最大汇流时间):净雨从流域最远点至出口断面所经历的时间。

4. 不同净雨时间对洪峰的影响

当净雨历时＜流域汇流时间,洪峰流量由部分面积上的全部净雨形成,部分汇流造峰。

当净雨历时＝流域汇流时间,洪峰流量由全部面积上的全部净雨形成,全面汇流造峰。

当净雨历时＞流域汇流时间,洪峰流量由全部面积上的部分净雨形成。

1.4 地下水储存

1.4.1 地质构造

1. 岩土的水理性质

容水性、持水性、给水性、透水性。

2. 造岩矿物

造岩矿物主要包括晶体（如金刚石、石英）和非晶体（玻璃质、胶体）。

3. 岩石按成因分类

根据成因，岩石可以分为岩浆岩、沉积岩和变质岩三大类。它们在地壳的分布面积分别为：岩浆岩 7%、沉积岩 75%、变质岩 18%。

4. 岩浆岩

（1）根据岩石中矿物颗粒的结晶程度，晶粒大小形态等情况，分为全晶质结构、半晶质结构（斑状结构）、非结晶结构（玻璃质结构）。

（2）根据岩浆岩中不同矿物及其他组成部分的排列填充方式所表现出的外貌特征，分为：①深成岩、浅成岩（花岗岩）；②喷出岩（流纹岩、玄武岩）；③熔岩表层（安山岩）。

5. 沉积岩

（1）产状：沉积岩多成层状分布。

（2）结构：沉积岩的颗粒大小、现状及结晶程度（碎屑结构，即碎屑颗粒由胶结物黏结而成；泥质结构，为黏土岩特有；结晶结构，为化学岩特有，如石灰岩、白云岩；生物结构）。

（3）构造：沉积岩具有层理构造。

（4）矿物成分：复杂，与产生碎屑物的母岩有直接关系，但有些矿物却是沉积岩特有的（海绿石、蒙脱石、高岭石）。

（5）化石：早期生物的遗骸或痕迹被保存在沉积岩中，经过石化作用而形成化石，化石存在是沉积岩的特征之一。

6. 变质岩

（1）原岩：可以是沉积岩、岩浆岩或先期的变质岩。

第1章
水文学和水文地质

(2) 结构：

1）变晶结构：变质程度较深，原岩中各种矿物同时重结晶，是变质岩最常见的结构。

2）碎裂结构：原岩在定向压力下，矿物颗粒发生弯曲，超过其强度发生破裂、错动甚至研磨成碎屑或粉末又被胶结在一起的结构。

7. 地质构造

构造运动导致的层岩变形和变位称为地质构造。地质构造是地壳运动的产物。

地质构造可分为：水平构造、丹斜构造、褶皱构造、断裂构造。

8. 褶皱构造

层岩受到构造运动作用后，在保持连续性情况下产生的一系列弯曲变形，弯曲的层岩就称为褶皱。有两种情况：

①背斜，层岩向上弯曲凸出（核部老，两翼新）；②向斜，层岩向下弯曲凹陷（核部新，两翼老）。

9. 断裂构造

层岩受到构造运动作用，当所受的构造应力超过岩石强度时，岩石的连续完整性遭到破坏，产生断裂。

分类：节理、断层。

10. 节理

节理指层岩受力断开后，裂面两层层岩沿断裂面没有明显的相对位移时的断裂构造，即未发生明显位移的断裂。

(1) 原生节理：指岩石形成过程中形成的节理（岩石的"胎记"），如玄武岩的六方柱状节理。

(2) 构造节理：指由构造运动产生的构造应力形成的节理，分布最广，而且相对于风化裂隙，延伸到岩层深部。

1) 剪节理：由剪应力产生的破裂面。特征：平直光滑，常呈密闭状态，或张开度很小，延伸稳定，常呈"X"形共轭出现。

2) 张节理：由张应力产生的破裂面。特征：张开度大、粗糙不平，延伸不远，常呈豆荚状、树枝状。

(3) 次生节理：由风化、卸荷、爆破等作用形成的节理。

11. 断层

断层：岩层断裂后沿断裂面两侧发生了显著的位移（分类：正、逆、平移）。

断层的判断方法（水文地质标志）：在断层线上常有泉水或温泉出露，或者溪流突然入地消失，若许多泉成串出现，可指明断层线方向。串珠状泉水和温泉带状分布，常表明有大段带存在。断层为地下水提供了天然的导水通道。

12. 裂隙

裂隙：固结的坚硬岩石受地壳运动及其地质应力作用下岩石破裂变形产生的空隙。

裂隙率：裂隙体积与包括裂隙在内的岩石体积的比值。

成岩裂隙：岩石在成岩过程中形成的原生空隙。

构造裂隙：构造变动中岩石受由应力而产生破裂和错位形成的劈理、节理裂隙与断位。

风化裂隙：在风化作用下形成的岩石空隙，风化裂隙分布较均匀，常在岩石风化壳形成互相连通的网状裂隙带。

13. 溶隙

可溶岩（石灰岩、白云岩、石膏）中的各种裂隙，被水流溶蚀扩大成为各种形态的溶隙。

14. 三种空隙特征的比较

(1) 连通性：孔隙介质最好，其他较差。

(2) **空间分布**：孔隙介质分布最均匀，裂隙不均匀，溶穴不均匀；孔隙大小均匀，裂隙大小悬殊，溶穴极悬殊。

(3) **空隙率**：孔隙介质最大，裂隙最小。

(4) **渗透性**：孔隙介质属各向同性，裂隙与溶穴为各向异性。

1.4.2 地下水形成

1. 饱和含水率与田间持水率

饱和含水率：岩土空隙已全部充满水。

田间持水率：饱水岩土在重力作用下，经 2~3d 释水后，岩土空隙中尚能保持水体积与岩土总体积之比，此时的含水率为田间持水率。

2. 空隙度

$$n = \frac{V_w}{V} \times 100\% \qquad (1-21)$$

式中　V_w——含水体积；

　　　V——包括空隙在内的岩土总体积。

3. 空隙

层石空隙是地下水储存场所和运动通道，孔隙的多少、大小、形状、连通情况和分布规律，对地下水的分布和运动具有重要影响。

空隙的成因是构成空隙差异的主要原因，因此将岩石空隙作为地下水储存场所和运动通道研究时，按照成因或性质的不同分为松散岩石中的孔隙、坚硬岩石中的裂隙、可溶岩石中的溶隙。

4. 影响孔隙度的主要因素

(1) **排列方式**：排列越紧密，孔隙度越小；排列越松散，孔隙度越大。

（2）分选程度：分选性越差，孔隙度越小；分选性越好，孔隙度越大。

（3）胶结程度：胶结程度越高，孔隙度越小；胶结程度越低，孔隙度越大。

（4）颗粒形状：颗粒形状越规则，孔隙度越小；颗粒形状越不规则，孔隙度越大。

5. 岩石中水的存在形式

（1）地壳中岩石水。

（2）岩石"骨架"中的水（矿物结合水）：沸石水、结晶水、结构水。

（3）岩石空隙中的水：①结合水；②液态水，即重力水；③毛细水；④固态水；⑤气态水。

（4）一般空隙直径越大，重力水在空隙中所占比例越大，反之，结合水的比例越大。颗粒越大（如砂砾土），重力水比例越高，颗粒越细（如黏土），结合水比例越高。黏性土孔隙度很大，但是颗粒非常细，比表面积很大，重力水很少。

6. 结合水

结合水附着于矿物表面，可分为强结合水（吸着水）和弱结合水（薄膜水）。

成因：固相表面与水分子间存在静电引力相互吸引，随固体表面的距离加大而减弱，结合水的物理性质随之变化。

性质：结合水具有固态水和液态水的双重性质；在自身重力下不能运动，在外力作用下能够移动及变形，有一定的黏滞性、弹性和抗剪强度。

7. 毛细水

毛细水是指在毛细力的作用下，保持在细小孔隙构成的毛细管道中的水。

毛细水受固体表面吸引力、液体表面张力和液体重力的共同作用，是三相界面上弯液面的表面张力引起的现象。

地下水面以上的土壤中广泛存在毛细水。

毛细水可分为支持毛细水和悬挂毛细水。

（1）支持毛细水：存在于饱水带以上并与地下水面相连的毛细空隙中的水。

（2）悬挂毛细水：存在于包气带并与地下水面不相连的毛细空隙中的水，呈"悬挂"状态，经蒸发后消失。

8. 重力水

重力水远离固相表面，水分子受固相表面吸引力的影响极其微弱，主要受重力影响，重力影响下可以自由运动。

重力水具有非常重要的实用价值，地层岩石空隙中如果存在一定的重力水，就可以通过泉或井流出（抽出），为人们所用。

9. 容水性与容水度

容水性：岩石能容纳一定水量的性能。

容水度：岩石完全饱水时，所能容纳的最大水体积与岩石总体积之比。

10. 持水性与持水度

持水性：在重力作用下，岩石依靠分子引力和毛细力在其空隙中能保持一定水量的性能，在数量上用持水度表示。

持水度：饱水在重力作用下自由释水后仍然保留在岩石空隙中的水体积（结合水和毛细水）与岩石总体积之比。一般来说，持水度主要取决于岩石空隙直径和颗粒直径大小，空隙直径越大，颗粒越粗，持水度越小，反之持水度越大。

11. 给水性与给水度

给水性：饱水岩石在重力作用下，能够自由给出一定水量的性能。

给水度：饱水在重力作用下自由释放的水体积（重力水）与岩石总体积之比。给水度是地下水资源评价的重要指标，有

容水度＝持水度＋给水度

12. 透水性

透水性即岩石允许水流通过的能力，表征岩石透水性的指标是渗透系数，是含水层最重要的水文地质参数之一，是地下水渗流运动计算的重要参数。

13. 地下水类型

（1）根据地下水的埋藏条件，可分为：上层滞水、潜水、承压水。

（2）根据含水层的空隙性质，可分为：孔隙水、裂隙水、岩溶水。

1.4.3 地下水储存

1. 地下水分类

地下水分类见表1-1。

表1-1　　　　　　地下水分类

埋藏条件 \ 介质类型	孔隙水	裂隙水	岩溶水
包气带	上层滞水	上层滞水	上层滞水
潜水	孔隙潜水	裂隙潜水	岩溶潜水
承压水	孔隙承压水	裂隙承压水	岩溶承压水

2. 上层滞水

上层滞水是包气带中局部隔水层之上具有自由水面的重力水，是大气降水或地表水下渗时，受包气带中局部隔水层的阻托滞留聚集而成。共同特点是在透水性较好的岩层中夹有局部

不透水层。

3. 潜水与承压水

潜水与承压水特征见表1-2。

表1-2　　　　　　潜水与承压水特征

分类	潜水	承压水
定义	地下水中第一个稳定隔水层之上的具有自由表面的重力水	充满与两个隔水层之间的重力水
特征	1. 潜水与包气带直接相通； 2. 补给区与分布区一致； 3. 潜水补给为大气降水和地表水； 4. 潜水排泄以泉、泄流、蒸发等； 5. 潜水动态受季节影响大； 6. 潜水水质取决于地形、岩性和气候； 7. 潜水资源易补充恢复； 8. 潜水易受污染	1. 有上下两个隔水板； 2. 补给主要来源于大气降水和地表水入渗，补给区和分布区不一致； 3. 排泄以泉和其他径流方式向地表水体或地表排出，也可以通过上下部分含水层进行越流排泄； 4. 动态比较稳定，气候、水文因素的变化影响较小； 5. 水质取决于埋藏条件及其外界联系的程度； 6. 承压水的资源不易补充恢复，资源具有多年调节性； 7. 受污染时难治理

1.4.4 地下水循环

1. 地下水的补给

（1）大气降水补给：降水强度、形式、植被、包气带岩性（主导作用），地下水埋深。

（2）地表水补给：岩层透水性影响、地表水与地下水水位标高、洪水延续时间河流水量、河水含沙量、地表水体与地下水体联系范围的大小。

（3）凝结水补给：内蒙古、新疆等地区山前地下水融雪补给广大沙漠地区凝结水是其主要的地下水补给来源。

（4）含水层之间的补给：一种是隔水层分布不连续，有相邻含水层通过"天窗"部位发生水力联系；另一种是越流补给，具有一定水头差的相邻含水层，透过弱水层发生的渗透。

（5）人工补给。

2. 地下水的排泄

（1）泉水排泄：泉是地下水的天然露头，是地下水重要的排泄方式，分为上层滞水泉、潜水泉、承压泉。

（2）向地表水的排泄：散流排泄、集中排泄。

（3）蒸发排泄：地下水，特别是潜水可通过土壤蒸发、植物蒸发而消耗。蒸发排泄是地下水一种重要的排泄方式，也称垂直排泄。

（4）不同类型含水层之间的排泄作用：同含水层之间的补给。

3. 地下水的径流

地下水径流的产生及影响因素：含水层的空隙性、地下水的埋藏条件、补给量、地形、地下水化学成分、人为因素。

地下水径流量的表示方法：常用地下径流率 M 表示，其意义为 $1km^2$ 含水层面积上的地下水流量 $[m^3/(s \cdot km^2)]$，也称为地下径流模数。

4. 地下水补给、径流、排泄条件的转化

（1）自然条件改变引起的转化：河水位的变化、地下水分水岭的改变。

（2）人类活动引起的转化：修建水库、人工开采和矿区排水、农田灌溉与人工回灌。

1.5 地下水运动

1.5.1 渗透
地下水的运动发生在岩石空隙中,地下水运动规律一般采用渗流理论。

1.5.2 渗流
(1) 渗流是一种假想水流,充满整个区域:假想水流的过水断面是全断面,是含水层中水与渗流流向垂直的总断面,包括骨架和空隙在内的断面,不等于实际的过水断面。

(2) 用假想水流代替真正水流的条件:

1) 假想水流通过任意断面的流量必须等于真正水流通过同一断面的流量。

2) 假想水流在任意断面的水头必须等于真正水流在同一断面的水头。

3) 假想水流通过岩石所受到的阻力必须等于真正水流所受到的阻力。

1.5.3 渗流总结
(1) 假想水流的流量=实际流量。

(2) 假想水流的水头或压力=实际的水头或压力。

(3) 假想水流所受阻力=真实水流所受阻力。

(4) 假想水流的过水断面≠实际的过水断面(从而假设流速≠实际流速)。

1.5.4 渗流速度与实际流速的关系

$$u = Q/nw = v/n \tag{1-22}$$

由于空隙度 $n<1$,故渗流速度 v 永远小于实际流速 u。

1.5.5 水力坡度

定义：指沿渗透方向上的总水头降低值（损失）与相应的渗流长度之比（无量纲）。

物理含义：代表渗流过程中，单位渗流途径上机械能的损失，渗流过程中总机械能的损耗原因（与水力学相近）；液体的黏滞性（水质点间的摩擦阻力）及固体颗粒表面对水流的作用力（水与隙壁间的阻力）。

1.5.6 总水头按伯努利定律

$$H_{A或B} = Z_{A或B} + \frac{P_{A或B}}{\gamma_w} + \frac{V_{A或B}^2}{2g} \quad (1-23)$$

式中 $H_{A或B}$——总水头机械能；

$Z_{A或B} + \frac{P_{A或B}}{\gamma_w}$——测压管水头势能。

地下水运动可近似认为总水头在数值上等于测压管水头。

1.5.7 达西定律（线性渗透定律）

$$Q = K \cdot \frac{\Delta H}{L} \cdot \omega \quad (1-24)$$

式中 Q——渗透量，即单位时间内渗透砂体的地下水量；

ΔH——在渗流途径 L 长度上的水头损失；

L——渗流途径长度；

ω——渗流的过水断面面积；

K——渗透系数，反映各种岩石透水性的参数。

适用条件：当雷诺数<1~10时服从式（1-25），即

$$R_e = \frac{ud}{\gamma} \quad (1-25)$$

式中 u——地下水实际流速；

d——孔隙的直径；

γ——地下水的运动黏滞系数。

第1章
水文学和水文地质

管中水流的下临界雷诺数 2100~2300，自然界地下水雷诺数一般不超过 1。

1.5.8 完整井和非完整井

按揭露含水层的完整程度，抽水井分为完整井和非完整井，完整井要求揭穿整个含水层，而且整个含水层厚度上都进水，否则为非完整井。

1.5.9 潜水完整井稳定流裘布依公式

当在潜水完整井中进行长时间的定流量抽水后，井水中的水位和出水量都会达到稳定状态，稳定出水量为

$$Q = 1.360K \frac{H^2 - h_w^2}{\lg \frac{R}{r_w}} = 1.360K \frac{(2H - S_w)S_w}{\lg \frac{R}{r_w}}$$

(1-26)

式中　K——渗流系数；
　　　H——潜水含水层厚度，m；
　　　h_w——井内动水位至含水层底板的距离，m；
　　　S_w——井内水位降深，m；
　　　R——影响半径，m；
　　　r_w——井半径，管井过滤器半径，m。

通过任意圆柱面流量相等；在井附近水力坡度 i 大，远离井水力坡度 i 减小。

1.5.10 承压完整井裘布依公式

$$Q = 2.730K \frac{M(H - h_w)}{\lg \frac{R}{r_w}} = 2.730K \frac{MS_w}{\lg \frac{R}{r_w}} \quad (1-27)$$

式中　K——渗流系数；
　　　H——初始承压水位，m；
　　　h_w——抽水后井内水位，m；

25

S_w——井内承压水位降深,m;

R——影响半径,m;

r_w——井半径,管井过滤器半径,m;

M——承压含水层厚度,m。

1.6 地下水分布特征

1.6.1 河谷冲积物空隙水的总体特征表现

含水层整个河谷呈条状分布,宽广河谷则形成河谷平原,由于沉积的冲积物分选性较好,磨圆度高,孔隙度较大,由于河流补给,河谷冲积层中都能蓄积地下水,一般水位埋深较浅。含水层透水性强,补给关系转换积极,水质良好,含水层沿整个河谷呈条带状分布,横向受阶地或谷边限制。

1.6.2 岩溶水

(1) 岩溶含水层的富水性较强,但含水极不均匀。

(2) 水流由分散流到集中流。

(3) 发育具有向深部逐渐减弱的规律。

(4) 在河谷地区有较明显的垂直分带现象。

(5) 岩溶水极不均一性和水力联系的各向异性,径流、排泄条件十分复杂。

1.6.3 沙漠地区的地下水

(1) 山前倾斜平原边缘沙漠中的地下水:水位埋藏较深,受蒸发影响不大,水量一般相对丰富,水质较好。

(2) 古河道中的地下水:岩性较粗,径流交替条件较好,较丰富的淡水。地下水埋藏较浅,水质好,主要供水水源。

(3) 大沙漠腹地的沙丘潜水:补给主要依靠地下水径流或者凝结水。水质不好,大多是具有苦咸味的高矿化水。

1.6.4 山区丘陵区的裂隙水

1. 裂隙水的定义

储存并运移于裂隙岩石中的地下水，称为裂隙水，按成因可分为成岩裂隙水、风化裂隙水、构造裂隙水。

2. 裂隙水的分布特征

裂隙水主要受岩石裂隙发育特点的制约，其裂隙率比松散岩石的孔隙率要小，岩石裂隙大小悬殊，分布不均，具有方向性。非均质和各向异性以及出水量小是裂隙水的基本特征。

3. 裂隙水的运动特征

裂隙水的运动通常呈层流状态，符合达西定律，但在一些宽大的裂隙中，在一定水力梯度下，裂隙水的运动也可以呈稳流状态。

4. 构造裂隙水的特征

构造裂隙水分布广泛，在坚硬脆性岩层中常较发育，水量丰富，是裂隙水的主要研究对象。断裂构造地区的地下水有以下几个特点：

（1）含水带呈脉状或带状。

（2）断层破碎带透水性和富水性极不均匀。

（3）断层含水带的分布比较局限。

1.7 地下水资源评价

1.7.1 地下水资源的组成

考虑地下水补给、径流、排泄过程，将地下水资源分为补给量、储存量、消耗量三种。

1. 补给量

补给量指单位时间内汇入含水层的水量。补给量应考虑天然补给量和开采补给量两个方面。

（1）天然补给：天然条件下进入含水层中的水量。分为垂向补给和侧向补给。

（2）人为补给：在人为活动影响下，含水层增加的水量。分为开采补给和人工补给。

2. 储存量

储存量指地下水循环过程中，某个时期储存在含水层中的水量。

（1）按照埋藏条件分为容积储存量和弹性储存量。①容积储存量：大气压力条件下，含水层空隙中的重力水体积量；②弹性储存量：开采时，在压力降低的条件下，从承压含水层中释放出来的重力水体积量。

（2）根据是否参与天然条件下的水的转换又分为可变储存量和不变储存量。①可变储存量：潜水含水层最高水位与最低水位之间的重力水体积；②不变储存量：在可变储存量界面以下的，漫长的地质历史时期积累起来的不变水量。

3. 消耗量

消耗量指单位时间内，从含水层中排出的水量，又称排泄量。按消耗方式分为天然消耗和人为消耗。

（1）天然消耗量：含水层下游边界地下水的流出量，计算区内泉水溢出量，地下水转化为地表水量，排泄给相邻含水层的越流量。

（2）人为消耗量：实际开采量、允许开采量。

1.7.2　地下水补给量计算

（1）垂直补给量的计算见表 1-3。

第1章
水文学和水文地质

表 1-3　　　　　垂直补给量的计算

项目	公式	符号说明
降水入渗补给量	$Q_{降}=\alpha PF$	$Q_{降}$——降水入渗，m^3/a； α——含水层的入渗系数，无量纲； F——含水层分布面积，m^2； P——降水量，m/a
越流补给量	$Q_{越}=F\Delta H\dfrac{K'}{m'}$	$Q_{越}$——越流补给量，m^3/d 或 m^3/a； F——越流补给面积，m^2； m'——弱透水层厚度，m； K'——开采层与补给层之间的弱透水层的垂直渗透系数，m/d； ΔH——弱透水层上下水头差
灌溉水入渗补给量	$Q_{渠}=(1-\eta)Q$	$Q_{渠}$——灌溉渠系渗漏补给量，m^3/d； η——渠系有效利用系数； Q——灌溉渠系引水量，m^3/d

（2）侧向补给量的计算见表 1-4。

表 1-4　　　　　侧向补给量的计算

项目	公式	符号说明
侧向补给量	$Q_{侧}=KIF$	$Q_{侧}$——侧向补给量，m^3/d； K——含水层平均渗透系数，m/d； I——地下水水力坡度（垂直于侧向边界方向的水力坡度）； F——补给过水断面面积，m^2

1.7.3　地下水储存量计算

地下水储存量计算见表 1-5。

表 1-5　　　　　　　　　地下水储存量计算

项目	公式	符号说明
容积储存量	$Q_{容} = \mu F H$	$Q_{容}$——容积储存量，m^3； μ——含水层的给水度（无量纲）； F——含水层分布面积，m^2； H——含水层厚度，m
弹性储存量	$Q_{弹} = \mu_e F h$	$Q_{弹}$——弹性储存量，m^3； μ_e——弹性释水系数（无量纲）； F——含水层分布面积，m^2； h——承压水压水头高度，m
可变储存量	$Q_{调} = \mu F \Delta H$	$Q_{调}$——可变储存量，m^3； μ——含水层变幅内平均给水度； F——含水层分布面积，m^2； ΔH——地下水位变幅，m

1.7.4 地下水开采量评价

1. 地下水资源允许开采量评价方法选择依据

（1）稳定型水源：稳定流公式法、试验推断法。

（2）调节型水源：补偿疏干法、水量均衡法。

（3）疏干型水源：非稳定流公式法、数值法、开采试验法。

2. 评价允许开采量的其他方法

水量均衡法、试验推断法、开采试验法、扩建水源地的允许开采量计算法（下降漏斗法）、补偿疏干法。

水量均衡法比其他方法相对简单切实可行，适用于地下水埋深较浅，补给和消耗条件比较单一的地区。

注册公用设备工程师执业资格考试 考点速记
给水排水专业基础

第 2 章
水处理微生物学

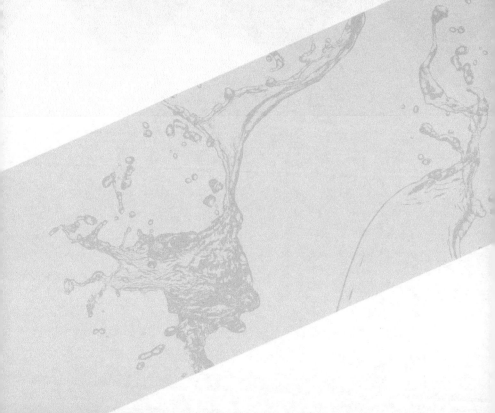

第 2 章

水效率的经济学

第 2 章
水处理微生物学

2.1 细菌的形态和结构

2.1.1 细菌的形态

1. 微生物分类

微生物分类图如图 2-1 所示。

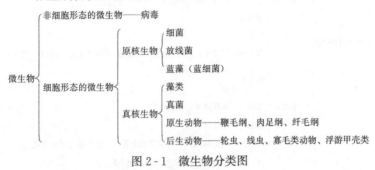

图 2-1 微生物分类图

2. 细菌定义

细菌是一类单细胞、个体微小、结构简单、没有真正细胞核的原核生物,大小仅有几微米（μm）。

3. 细菌的形态

细菌的形态大致上可分为球状、杆状和螺旋状 3 种,仅少数为其他形状,如丝状、三角形、方形和圆盘形等。细菌形态分类见表 2-1。

表 2-1 细菌形态分类

类型	细菌形状	典型
球菌	球状或椭球状	肺炎链球菌、甲烷八叠球菌、乳链球菌
杆菌	杆状或圆柱形	枯草芽孢杆菌、溶纤维梭菌
螺旋状	弧状或螺旋状	霍乱弧菌、紫硫螺旋菌
丝状菌	长丝状体	铁细菌、链霉菌、丝状硫细菌、球衣细菌

2.1.2 细胞结构和功能

1. 细菌细胞结构分类

细菌细胞结构分类图如图2-2所示。

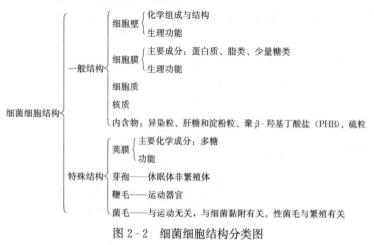

图2-2 细菌细胞结构分类图

2. 细菌细胞结构

基本结构：细胞壁、原生质体（细胞膜、细胞质、核质、内含物）。

特殊结构：荚膜、芽孢、鞭毛、菌毛。

3. 细胞壁

细胞壁主要成分是肽聚糖、脂类和蛋白质。细胞壁主要功能如下：

（1）保持细胞形状和提高细胞机械强度。

（2）作为鞭毛的支点，实现鞭毛的运动。

（3）为细胞的生长、分裂所必需。

（4）赋予细胞特定的抗原性以及对抗生素和噬菌体的敏感性。

（5）阻拦大分子有害物质进入细胞。

4. 革兰氏染色法

(1) 根据细胞壁的成分不同将细菌进行革兰氏染色后可分为革兰氏阳性菌和革兰氏阴性菌两大类。

1) 革兰氏阳性菌：细胞壁厚，含大量的肽聚糖，独含磷壁酸，不含脂多糖。

2) 革兰氏阴性菌：细胞壁较薄，含极少肽聚糖，独含脂多糖，不含磷壁酸。

革兰氏染色的反应结果主要与细菌细胞壁有关，革兰氏阴、阳性细菌对比见表2-2。

表2-2 革兰氏阴、阳性细菌对比

细菌	壁厚度/nm	肽聚糖（%）	蛋白质（%）	脂肪（%）	磷壁酸	脂多糖
革兰氏阳性菌	20~80	40~90	约20	1~4	＋	－
革兰氏阴性菌	10	10	约60	11~22	－	＋

(2) 染色步骤：结晶紫初染，碘液媒染，酒精脱色，蕃红复染。

乙醇（酒精）脱色是革兰氏染色操作的关键环节，脱色不足，阴性菌易被误染成阳性菌，脱色过度，阳性菌易被误染成阴性菌，脱色时间一般为20~30s。

(3) 染色结果：革兰氏阳性菌仍呈紫色，革兰氏阴性菌呈红色。

5. 细胞膜（细胞质膜）

(1) 组成：蛋白质（50%~70%）、脂类（20%~30%）和少量糖类；结构特点为流动镶嵌性。

（2）细胞膜功能：

1）选择性的控制细胞内外物质的运送和交换。

2）维持细胞内正常渗透压。

3）合成细胞壁组分和荚膜的场所。

4）进行氧化磷酸化或光合磷酸化的产能基地。

5）许多代谢酶和运输酶以及电子呼吸链组成的所在地。

6）鞭毛的着生和生长点。

6. 细胞质成分

蛋白质、核酸（RNA）、多糖、脂类、水、无机盐等。

细胞结构组分是核糖体。核糖体是细胞内将氨基酸合成蛋白质的场所，化学成分为蛋白质与RNA。

7. 核质

核质又称拟核、核区。细菌核质由核酸构成，携带细菌的遗传信息，与细菌的遗传有密切关系。细菌无核膜和核仁。

8. 内含物

异染颗粒、聚β-羟基丁酸盐（PHB）、硫粒、肝糖和淀粉粒等。

9. 荚膜

（1）主要成分：多糖，含水率达90%～98%。

（2）主要功能：

1）保护细菌免受干燥的影响。

2）用作储藏碳源和能源。

3）增强某些病原菌的致病能力，有的荚膜本身有毒。

4）废水生物处理中的细菌荚膜有生物吸附作用。

10. 菌胶团

定义：细菌按一定的排列方式互相黏集在一起，被一个公共荚膜包围形成一定形状的细菌集团。

作用：①防止细菌被动物吞噬；②增强细菌对不良环境的抵抗；③具有指示作用。

11. 芽孢

某些细菌生活史中的某个阶段或者某些细菌遇到外界不良环境时，在其细胞内形成一个内生孢子叫芽孢。

芽孢只是休眠体，而非繁殖体。芽孢具有耐热性。

12. 鞭毛

鞭毛的主要成分是蛋白质，是运动器官。

13. 菌毛

根据功能，菌毛分为普通菌毛和性菌毛。

2.1.3 生长繁殖

1. 细菌的繁殖

细菌的常见繁殖方式属于直接分裂，也叫二分裂。

2. 营养琼脂培养基的制备

营养琼脂培养基是一种固体培养基，可供活性污泥纯种分离和细菌总数测定之用。

成分：蛋白胨、牛肉膏、氯化钠、琼脂、蒸馏水。

注意：琼脂是凝固剂。

3. 培养基的应用

(1) 固体培养基：常用的凝固剂有琼明胶、硅胶等。常用于微生物的分离、鉴定、计数和保藏等。

(2) 半固体培养基：含有少量琼脂的培养基，可用于观测微生物的特征，鉴定菌种，噬菌体的效价滴定。

4. 细菌在固体培养基上的培养特征

(1) 菌落：一个或少数几个细菌在固体培养基上生长繁殖所形成的肉眼可见的微生物群体。

(2) 菌苔：用含菌样品或菌种在平板或斜面上画线，经过培养，固体培养基上可出现密集的细菌细胞。菌苔即长成一片的细菌群体。

2.1.4 命名

微生物的命名多用林奈创立的双命名法，拉丁文（斜体），属名词首字母大写＋种名（斜体），如 *Escherichia coli*。

2.2 细菌的分类和生理功能

2.2.1 营养类型划分

1. 细菌所需六大营养物质

水、无机盐、碳源、氮源、生长因子及能量。

（1）碳源：为细胞提供碳元素来源的物质。碳源分为无机碳源和有机碳源。

1）无机碳源：二氧化碳、碳酸根离子等无机含碳物。能利用无机碳源的微生物称自养微生物；

2）有机碳源：糖类、蛋白质、脂肪、有机酸烃类等有机含碳物质。能够利用有机碳源的微生物称为异养微生物。功能为构成细胞组分和代谢物种碳素的来源，是生命活动能量的主要来源。

（2）氮源：为细胞提供氮元素来源的物质，氮源主要提供细胞所需氮素合成材料，分为有机氮源和无机氢源。

1）有机氮源：蛋白质、氨基酸、蛋白胨等。

2）无机氮源：氯酸铵、硝酸铵等。

（3）能量：为微生物提供最初能量来源的营养物质和辐射能（光）。

1）化能营养微生物：能量来源为化学物质的微生物。

2）光能营养微生物：能量为辐射能的微生物。

2.2.2 影响酶活力因素

1. 酶的分类

（1）按照酶所催化的化学反应类型，可分为六大类，这也是国际上的标准分法。酶的分类见表2-3。

表2-3　　　　　　　酶的分类

名称	习惯名称	催化反应类型	举例
氧化还原酶	氧化酶、脱氢酶	电子转移 $AH_2+B \rightarrow A+BH_2$	乙醇脱氢酶
转移酶		官能团转移 $A-R+B \rightarrow A+B-R$	谷丙转氨酶、己糖激酶
水解酶	胞外酶、蛋白酶	水解反应 $A-B+HOH \rightarrow AOH+BH$	胰蛋白酶
裂解酶	水化酶、脱氨酶	通常形成双键 $AB \rightarrow A+B$	丙酮酸脱氢酶
异构酶	消旋酶	分子内的基团转移 $A \rightarrow A'$	马来酸异构酶
连接酶或合成酶		化学键形成与ATP水解偶联 $A+B+nATP \rightarrow AB+nADP+nP$	丙酮酸羧化酶

（2）按照酶的存在部位，即细胞内外的不同，可分为胞外酶和胞内酶。

1）胞外酶：能被分泌到细胞外，作用于细胞外的物质，通常可以消化非溶解性物质，如纤维素蛋白质、淀粉等。举例：水解酶、蛋白酶、脂肪酶。

2）胞内酶：在细胞内起作用，主要催化细胞的合成和呼吸作用。举例：呼吸酶、RNA聚合酶、解旋酶。

2. 酶的组成

(1) 单成分酶：只有蛋白质。

(2) 全酶：由蛋白质和非蛋白成分组成。非蛋白成分可以是：有机物、金属离子、有机物和金属离子。

全酶＝酶蛋白＋辅因子（辅酶或辅基）

(3) 专性厌氧菌特有的辅酶：辅酶 M（产甲烷菌特有）、F_{420}、F_{430} 等。

3. 酶的结构

酶蛋白的结构分为一级、二级和三级，少数酶有四级结构。一级结构是指多肽链本身的结构。酶的大多数特性（活性）与一级结构（多肽链）有关。

4. 酶的作用机理

(1) 酶的活性中心：酶蛋白分子中与底物结合，并其催化作用的小部分氨基酸微区。组成酶的活性中心，可以是蛋白质多肽链上不同位置的氨基酸区域。

(2) 功能部位：①结合部位，一定的底物靠此部分结合到酶分子上；②催化部位，底物分子中的化学键在此处被打断或形成新的化学键，发生一系列化学反应。

(3) 诱导契合假说：酶与基质作用的反应假说是"诱导契合"假说。

5. 酶的催化特性

酶是一种催化剂，用量少而催化效率高；加快反应速率，不改变化学反应的平衡点，可降低活化能。

(1) 酶参与生物化学反应，加速反应速度，但不改变反应平衡点，在反应前后无变化。

(2) 酶的催化作用具有专一性。

(3) 酶的催化作用条件温和。

(4) 酶对环境条件极为敏感。
(5) 酶具有极高的催化效率。
(6) 活力具有可调节性。

6. 酶的影响因素

温度、pH 值、抑制剂、激活剂、底物浓度（米门公式）、酶的初始浓度。影响酶促反应的主要因素总结见表 2-4。

表 2-4　　　影响酶促反应的主要因素总结

项目	影响机理	影响结果
温度	酶适宜温度范围内，酶活性最强	温度每升高 10℃，速度提高 1～2 倍
pH 值	pH 为 6～7	在酸或碱溶液中酶的活性减弱或丧失
抑制剂	抑制剂与酶分子上的某些基团以共价键方式结合	酶的活性下降或丧失
激活剂	经过适当的修饰和激活	激活后具有活性
底物浓度	米门公式	酶促反应速度与底物浓度成正比
初始浓度	酶促反应速度与酶分子浓度成正比	浓度越高，底物转化的速度越快

2.2.3　细菌的呼吸类型

1. 细菌的营养类型

细菌的营养类型见表 2-5。

表 2-5　　　　　细菌的营养类型

营养类型	能源	碳源	供氢体	实例
光能自养 （无机营养型）	光	CO_2 或碳酸盐	无机物	蓝细菌、紫硫细菌、藻类

续表

营养类型	能源	碳源	供氢体	实例
光能异养（有机营养型）	光	CO_2及简单有机物	有机物	红螺菌科（即紫色无硫细菌）
化能自养（无机营养型）	还原态无机物	CO_2或碳酸盐	无机物	硝化细菌、硫化细菌、铁细菌、氢细菌
化能异养（有机营养型）	有机物	有机物	有机物	绝大多数细菌、放线菌和全部真核生物

(1) 光能自养：以光为能源，以二氧化碳或碳酸盐等无机碳为主要碳源，水或还原态物质作为供氢体来合成有机物的营养方式，如藻类、蓝藻等。

(2) 化能自养：通过氧化无机物获得能源，并以二氧化碳等无机物为碳源，简单有机物质作为供氢体合成有机物的营养方式，如硝、硫、铁、氢细菌。

(3) 光能异养：以光为能源，以二氧化碳及简单有机物为碳源，进行有机大分子合成的营养方式，如红螺菌。

(4) 化能异养：以氧化有机物获得能源，并以有机物为碳源合成大分子有机物的营养方式，如霉菌、放线菌、原生动物、后生动物等。

2. 呼吸

呼吸的本质是氧化和还原的统一过程，伴随能量的产生。其中失去电子和氢的一方称供氢体；得到电子和氢的一方称受氢体。

根据基质脱氢后，其最终受氢体（电子受体）的不同，微生物的呼吸作用可分为好氧呼吸、厌氧呼吸和发酵。呼吸类型见表2-6。

表 2-6　　　　　　　　呼吸类型

呼吸类型	电子受体	参与酶类	主要产物	产ATP方式	产能比较
好氧呼吸	O_2	细胞色素氧化酶、脱氢酶、脱羧酶、过氧化氢酶	H_2O、CO_2、ATP、硝酸根、硫酸根	底物水平磷酸化、氧化磷酸化	最多 2876kJ
厌氧呼吸（无氧呼吸）	无机氧化物（硝酸根、亚硝酸根、硫酸根）	脱氢酶、脱羧酶、细胞色素氧化酶、还原酶、辅酶NAD、辅酶FAD、辅酶Q、细胞色素	CO_2、CH_4、H_2S、N、ATP	底物水平磷酸化、氧化磷酸化	中等 反硝化1756kJ；反硫化1125kJ
发酵	基质氧化后的中间产物	脱氢酶、脱羧酶、硝酸还原酶、硫酸还原酶、辅酶NAD、细胞色素	CO_2、CO、CH_4、低分子有机物、ATP	底物水平磷酸化	最少 238.3kJ

3. 好氧呼吸

定义：有机物在氧化过程中放出电子，通过呼吸链传递交给氧的生物学过程。

主要特点：以氧为最终电子受体；有机物被彻底氧化成 CO_2 和 H_2O；并生成 ATP。

总反应式为

$$C_6H_{12}O_6 + 6O_2 + 38ADP + 38H_3PO_4 \rightarrow 38ATP + 6H_2O + 6CO_2$$

好氧微生物氧化分解 1mol 的葡萄糖，共生成 38mol 的 ATP。

呼吸链：有氧呼吸中传递电子或氢的一系列偶联反应，由 NAD 或 NADP、FAD 或 FMN、辅酶 Q、细胞色素（Cyt）（不能传递氢）等组成，其功能是传递电子和产生 ATP。

4. 厌氧呼吸

定义：有机物氧化过程中脱下质子和电子，经过一系列的电子传递最终交给无机氧化物的生物学过程。厌氧呼吸又称无氧呼吸。

主要特点：没有分子氧参与反应，电子和质子的最终受体为无机氧化物；有机物氧化彻底；释放的能量低于好氧呼吸。

（1）硝酸盐呼吸：缺氧条件下，以有机物作为供氢体，以硝酸盐作为最终电子受体，反硝化细菌。

（2）硫酸盐呼吸：缺氧条件下，以有机物作为供氢体，以硫酸盐作为最终电子受体，脱硫弧菌。

（3）碳酸盐呼吸：缺氧条件下，以 CO_2 作为最终电子受体，产甲烷菌。

5. 发酵（兼性）

定义：有机物氧化过程中脱下的质子和电子，经过辅酶或者辅基传递给另一个有机物，最终产生一种还原性产物的生物学过程。

主要特点：不需要氧；有机物氧化不彻底；能量释放不完全。

总反应式为

$$C_6H_{12}O_6 + 2H_3PO_4 + 2ADP \rightarrow 2CH_3CH_2OH + 2ATP + 2H_2O + 2CO_2$$

以葡萄糖的乙醇发酵为例通过底物磷酸化，得到 ATP，1mol 的葡萄糖得到 2mol 的 ATP、2mol 的乙醇和 2mol 的二氧化碳。

6. ATP生成方式

(1) 底物水平磷酸化：发酵作用取得能量的唯一方式。

(2) 氧化磷酸化：好氧呼吸和无氧呼吸的微生物。

(3) 光合磷酸化：光合细菌、藻类、绿色植物、蓝细菌等。

2.2.4 细菌的生长

1. 细菌生长环境因素

营养物、氧、温度、pH值、氧化还原电位、干燥、渗透压、光线、化学药剂。

(1) 温度：细菌温度分类见表2-7。

表2-7　　　　细菌温度分类

细菌类型	最适温度/℃	主要存在处所
低温菌	10~20	海水及冷藏食品
中温菌	20~40	腐生细菌 寄生细菌
高温菌	50~60	土壤、堆肥、温泉

注意：绝大多数细菌包括废水处理中的细菌属于中温菌。

(2) pH值：不同的微生物要求不同的pH值，故要在最适合pH值下培养细菌。

(3) 干燥：缺水会导致细菌进入休眠状态，能形成荚膜或芽孢。

(4) 渗透压：低渗透压下细胞容易胀裂；高渗透压下细胞失水，易发生质壁分离。

2. 灭菌方法

(1) 加热灭菌。

1) 干热灭菌法，160℃，2h。

2) 高温蒸汽灭菌法，121℃，20min。

3) 营养琼脂培养基可用 0.1MPa（121℃）的压力灭菌 20min，含葡萄糖或乳糖的培养基用 0.07MPa（115℃）的压力灭菌 20min。

(2) 紫外线灭菌。

1) 波长为 260nm 左右的紫外线可以杀菌，主要原因是造成核酸损伤，但紫外线穿透性很弱，因此只有表面杀菌能力。

2) 在使用紫外线照射杀毒时，避免因紫外线直接照射到人的眼睛和皮肤上而受伤。

(3) 化学药剂。

1) 重金属及其化合物：大多数重金属及其化合物都是有效的杀菌剂。

2) 有机化合物：乙醇吸收细菌蛋白的水分，使细菌蛋白脱水，凝固变性。

3) 氧化剂：过氧乙酸、高锰酸钾、漂白粉等能强烈氧化细胞物质。

3. 细菌的生长特征

(1) 缓慢期（适应期、停滞期）：细菌数目几乎没变化、细菌的生长速率为零。

(2) 对数期：细菌呈几何增长、世代时间最短，代时稳定，是测定世代时间的最佳时期、生长速度最快。

(3) 稳定期：细菌新生数等于死亡数，细菌数目基本恒定、生长速度为零。此时荚膜、芽孢形成，内含物储存，有毒物质积累。

(4) 衰老期：细菌进行内源呼吸、很少有细菌分裂，死亡数远大于新生数、生产速度为负增长。

细菌的生长特征见表 2-8。

表 2-8　　　　　细菌的生长特征

生长时期	细菌总数	生长速率	其他特征
缓慢期	几乎无变化	0	—
对数期	呈几何级增长	最快，$X=X_0 2^n$	世代时间最短 [$G=(t-t_0)/n$]，代时稳定，测定世代时间的最佳阶段
稳定期	总数最多	0	荚膜、芽孢形成，内含物储存，有毒物质积累
衰老期	不断减少	负增长	内源呼吸

4. 细菌的遗传

(1) 遗传的物质基础是核酸，含 DNA 或 RNA。RNA 与 DNA 组成成分比较见表 2-9。

表 2-9　　　　　RNA 与 DNA 组成成分比较

组分	DNA（脱氧核糖核苷酸）	RNA（核糖核酸）
磷酸	H_3PO_4	H_3PO_4
戊糖	脱氧核糖	核糖
碱基	腺嘌呤（A）	腺嘌呤（A）
	鸟嘌呤（G）	鸟嘌呤（G）
	胞嘧啶（C）	胞嘧啶（C）
	胸腺嘧啶（T）	尿嘧啶（U）

(2) DNA 双螺旋结构：DNA 由两条多个核苷酸组成的链配对而成，两条链彼此互补，以右手螺旋的方式围绕一根主轴

而互相盘绕形成。四种碱基,即腺嘌呤(A)、胸腺嘧啶(T)、鸟嘌呤(G)、胞嘧啶(C)相互配对。A-T,G-C互相间通过氢键连接。

5. 遗传物质的存在形式

遗传物质的存在形式包括核区染色体和质粒。

(1) 核区染色体:遗传物质(DNA/RNA)的主要载体和主要形式。

(2) 质粒:小型DNA,具有特殊功能,不是微生物生死存亡所必需,常见的质粒有抗药性质粒(R因子),降解质粒,大肠杆菌素质粒(Col因子),性质粒(F因子或者致育因子)。

6. 基因重组

(1) 转化:受体细菌直接吸收供体细菌的DNA片段,受体因此获得供体菌的部分遗传性状,这个过程叫转化。条件是供体提供DNA片段,受体处于感受态。

(2) 接合:遗传物质通过细菌和细菌细胞的直接接触而进行的转移和重组,这种现象叫作接合。发生条件是其一细菌产生性菌毛。接合后,质粒(F、R、降低质粒等)在两细菌间转移。

(3) 转导:遗传物质通过噬菌体的携带而转移的基因重组。

7. 细胞运送营养物质方式

4种运送营养物质方式的比较见表2-10。

表2-10　　　　　4种运送营养物质方式的比较

比较项目	单纯扩散	促进扩散	主动运输	基团转位
特异载体蛋白	无	有	有	有

续表

比较项目	单纯扩散	促进扩散	主动运输	基团转位
运输物质	无特异性	特异性	特异性	特异性
溶质浓度梯度	由高到低运输	由高到低运输	由低到高运输	由低到高运输
能量消耗	不需要	不需要	需要	需要
溶质分子运输前后	不变化	不变化	不变化	变化

2.3 其他微生物

2.3.1 其他微生物

1. 丝状细菌

(1) 铁细菌。

营养类型：化能自养型。

典型代表：多孢泉发菌、赭色纤发菌、含铁嘉利翁菌。

给排水中危害：造成管道腐蚀、堵塞并降低水流量。

(2) 硫黄细菌。

营养类型：化能自养型。

典型代表：贝日阿托氏菌、发硫细菌。

给排水作用：腐蚀管道；适量有利于废水处理，但大量增殖会造成污泥膨胀。

(3) 球衣细菌。

营养类型：化能异养型。

典型代表：球衣细菌，注意虽然是有球，但不是球状而是丝状细菌。

给排水作用：适量的球衣细菌有利于有机物的去除，大量繁殖会造成污泥膨胀。

2. 放线菌

定义：呈菌丝状生长和以孢子繁殖的原核生物。

菌丝体根据功能分为：①营养菌丝；②气生菌丝；③孢子丝。

营养类型：化能异养型。

典型代表：链霉菌属和诺卡氏菌属。

主要繁殖方式：无性孢子。

给排水作用：分解纤维素、石蜡、石油、氰化物；适量生长有利于水处理，过量生长会造成污泥膨胀。在天然抗菌素中，70%由放线菌产生。

3. 蓝细菌

定义：革兰氏染色阴性、无鞭毛、含叶绿素（但不形成叶绿体）能进行产氧光合作用的原核生物，又名蓝藻或蓝绿藻。

营养类型：光能自养。

繁殖方式：以分裂方式繁殖，丝状蓝细菌靠无规则的丝状体断裂释放出菌体片段而繁殖。

给排水作用：大量繁殖引起水华或赤潮，是水体富营养化的指示生物。

4. 真菌

真菌包括酵母菌和霉菌，是真核微生物。

（1）酵母菌：化能异养；好氧呼吸和厌氧呼吸均可。最常见的繁殖方式是出芽生殖。

应用：无氧呼吸时，将有机物发酵产生酒精和二氧化碳等发酵产物，氧化型酵母菌氧化有机物能力极强，处理淀粉废水、柠檬酸生产废水、制糖废水、炼油废水等。

(2) 霉菌（丝状真菌）：菌丝按功能分为营养菌丝和气生菌丝两种，化能异养可彻底分解转化纤维素和木质素。

5. 藻类

藻类为单细胞或多细胞，光能自养；常见有绿藻、硅藻、金藻。

给水工程中作用：过量的藻类将带来臭味，影响过滤，需用硫酸铜、漂白粉等杀藻剂。

排水工程中作用：适量生长，可提供氧气，有利于污水处理，但N、P过量会使藻类大量繁殖，产生水华和赤潮。

6. 病毒

病毒形态：球状、杆状、蝌蚪状、冠状等。大小以纳米（nm）计。

病毒特点：超显微（nm）、无细胞结构、不以二分裂法繁殖、专性活细胞寄生。

病毒的化学组成：病毒没有细胞结构，整个病毒分为蛋白质衣壳和核酸内芯两部分。

繁殖过程：吸附、侵入和脱壳、复制与合成、装配与释放，共4步。

噬菌体：以原核生物为宿主的病毒。

特点：寄生具有高度专一性。

7. 原核生物与真核生物对比

原核生物与真核生物对比见表2-11。

2.3.2 原生动物和后生动物

原生动物、后生动物分类及生理功能列表见表2-12。

表2-11 原核生物与真核生物对比

分类	常见菌种		繁殖方式	营养类型	作用
原核生物	丝状菌	铁细菌	多孢泉发菌、含铁嘉利翁菌		化能自养	造成管道腐蚀、堵塞并降低水流量
		硫磺细菌	贝日阿托氏菌、发硫细菌		化能自养	适量有利于废水处理，大量繁殖污泥膨胀
		球衣细菌			化能异养	分解有机物能力很强
	放线菌		链霉菌属、诺卡氏菌属	无性孢子、菌丝断裂	化能异养	抗菌素酶、维生素等的生产菌
	蓝细菌		螺旋蓝细菌、鱼腥蓝细菌	分裂、菌丝断裂	光能自养	水体富营养化的指示生物
真核生物	真菌	酵母菌	发酵、氧化	出芽生殖	化能异养	发酵性对有机物发酵、氧化型处理淀粉废水
		霉菌	青霉、曲霉、红霉	无性孢子、有性孢子	化能异养	对纤维素和木质素的分解转化
	藻类		绿藻、硅藻、金藻	有性繁殖、无性繁殖	光能自养	水体富营养化的指示生物

第2章 水处理微生物学

表 2-12 原生动物、后生动物分类及生理功能列表

分类			典型生物	生活环境	污水处理时期	运动胞器	处理效果
原生动物	鞭毛纲	植物型	绿眼虫	多、α	初期	鞭毛	差
		动物型	梨波豆虫		中期		差
	肉足纲		变形虫	α、β	中期	伪足	差
	纤毛纲	游泳型	草履虫	α、β	中期	纤毛	差
		固着型	钟虫、累枝虫	寡	后期	—	好
		吸管虫	吸管虫	多数β，少数α和多	后期	无	一般
后生动物	轮虫纲		轮虫	寡	后期	—	好
	线形纲		线虫	—	后期		差
	寡毛类		颤蚓、水丝蚓	多、α	后期		底泥污染
	甲壳类		水蚤、剑水蚤	β	后期		水污染变红

1. 原生动物

原生动物指单细胞动物，在不利条件下会形成胞囊。繁殖方式分为无性和有性繁殖。原生动物分类如下。

(1) 鞭毛虫：具有一根或多根鞭毛，作为运动胞器，个体自由生活或群体。多在多污带或 α-中污带生活。在污水生物处理系统中，活性污泥培养初期或在处理效果差时鞭毛虫大量出现，可作为污水处理的指示生物。

(2) 肉足纲：具有伪足，作为摄食和运动的胞器，无色透明，大多无固定形态。在 α-中污带或 β-中污带的自然水

体中生活。在污水生物处理系统中,在活性污泥培养中期出现。

(3) 纤毛纲:以纤毛作为运动和摄食的细胞器,在废水生物处理中,对出水水质的澄清起到一定作用。分为游泳型和固着型两种类型。

1) 游泳型:如草履虫,多数在 α-中污带或 β-中污带生活,少数在寡污带中生活。在污水生物处理中,在活性污泥培养中期或在处理效果较差时出现。

2) 固着型:个体或群体,具有纤毛带,多数有柄、有基丝、能收缩,如钟虫、累枝虫等。在寡污带或 β-中污带生活,是水体自净程度高、污水处理效果好的指示生物。

3) 吸管虫:多在 β-中污带出现,有的也能在 α-中污带和多污带,在污水处理效果一般时出现。

污水处理作用:①净化作用;②絮凝作用;③指示作用。

2. 后生动物

后生动物包括轮虫(要求较高的溶解氧,水体寡污带和污水处理效果好的指示生物)、线虫、寡毛虫、浮游甲壳动物等。

3. 依据原生动物判断水处理程度

(1) 运行初期以植物型鞭毛虫、肉足类为主;中期以动物性鞭毛虫、游泳性纤毛虫为主;后期以固着型纤毛虫为主。

(2) 依据原生动物类群演替,判断水处理程度:运行初期以植物型鞭毛虫、肉足类为主;运行中期以动物型鞭毛虫、游泳型纤毛虫为主;运行后期以固着型纤毛虫为主。

4. 胞器总结

胞器总结见表 2-13。

表 2-13　　　　　　胞　器　总　结

分类	鞭毛	纤毛	刚毛	伪足	菌毛
细菌	运动器官	—	—	—	与运动无关性菌毛 与繁殖有关
原生动物	运动器官	运动器官	运动器官	运动器官	—

注意：菌毛不是运动胞器。

2.3.3 微生物关系

微生物关系归纳起来基本上可分为互生、共生、拮抗、寄生 4 种，微生物关系见表 2-14。

表 2-14　　　　　　微生物 4 种关系

关系分类	关系描述	关系总结	典型例子
互生关系	两种可以单独生活的生物，当其生活在一起时一方可以为另一方提供有利条件的关系。当两者分开时各自可单独生存	可分可合，合比分好（同居互相取暖）	氨化细菌、亚硝酸细菌和硝酸细菌；氧化塘内的细菌和藻类；食酚细菌和硫细菌
共生关系	两种不能单独生活的微生物，必须共同生活于同一环境中，组成共同体，营养上互为有利	不离不弃（梁祝式共同生活）	产氢产乙酸 S 型菌和产甲烷菌；地衣中的真菌和藻类
拮抗关系	一种微生物可以产生不利于另一种微生物生存的代谢产物或者一种微生物以另一种微生物为食料	独立个体，战斗不止	青霉菌和革兰氏阳性菌；原生动物和细菌、真菌、藻类
寄生关系	一种微生物生活在另一种微生物体内，摄取营养生长繁殖，使后者受到损害或死亡	寄生物与寄主	噬菌体和寄生蛭弧菌寄生于假单胞菌、大肠杆菌或浮游球衣菌

2.4 水的卫生细菌学

2.4.1 水中病原细菌

水中常见的病原细菌有伤寒杆菌、痢疾杆菌、霍乱弧菌等,他们能引起经水传播的肠道传染病。

1. 伤寒杆菌（沙门氏菌）

杆状、革兰氏阴性菌,不生荚膜和芽孢,加热到60℃,30min可以杀死。

2. 痢疾杆菌

革兰氏阴性菌,不生荚膜和芽孢,无鞭毛。加热到60℃,10min可以杀死。

3. 霍乱弧菌

革兰氏阴性菌,不生荚膜和芽孢,具有一根较粗的鞭毛。加热到60℃,10min可以杀死。

2.4.2 水中微生物控制方法

病原微生物的去除常见的有加氯消毒、臭氧消毒和紫外线消毒。消毒方法比较见表2-15。

表2-15 消毒方法比较

项目	液氯	臭氧	紫外线照射
使用剂量	10.0mg/L	10.0mg/L	260nm（波长）
接触时间/min	10~30	5~10	短
对细菌	有效	有效	有效
对芽孢	无效	有效	无效
优点	便宜、成熟、有后续消毒作用	除色、臭味效果好,现场制作,无毒	快速、无化学药剂

续表

项目	液氯	臭氧	紫外线照射
缺点	对某些病毒、芽孢无效、残毒、产生臭味	比氯贵，无后续作用	无持续效果，对浊度要求高
用途	常用方法	生产高质量水	小规模应用

1. 加氯消毒

常用的消毒剂：液氯、漂白粉等。

HClO 为中性分子，可进入生物体内，起到破坏酶及细胞组分的作用。pH 越低，HClO 越多，消毒效果越好。

优点：价格便宜、杀菌作用强，保持一定余氯。

缺点：可能形成有机氯化物等具有毒性和三致效应（致突变、致畸、致癌）的副产物。

2. 臭氧消毒

定义：利用臭氧的强氧化性，主要将微生物体内的酶氧化，从而破坏病原菌的生长。

缺点：易于自我分解，不能在水中长期残留，消毒效果没有持久性。

3. 紫外线消毒

紫外线消毒使病原菌的核酸变性，从而破坏病原菌的生长。紫外线杀菌穿透性差，且没有持续的消毒效果。

2.4.3 水的卫生学检验

1. 病原细菌污染指示生物

若检出有大肠菌群，则表明水被粪便污染。也说明有被病原菌污染的可能性。

2. 大肠杆菌的种类及特征

(1) 种类：大肠菌群包括大肠埃希氏菌、产气杆菌、枸橼酸盐杆菌、副大肠杆菌。

（2）特征：呼吸类型为好氧或者兼性，异养；为杆菌，革兰氏呈阴性，不生芽孢；葡萄糖、甘露醇、乳糖等多种碳水化合物，并产酸产气。

（3）37℃培养出来的大肠菌群包括了粪便内的大肠菌群，称为"总大肠菌群"；44.5℃培养处的大肠菌群，称为"耐热大肠菌群"。

3. 生活饮用水细菌卫生标准

《生活饮用水卫生标准》（GB 5749—2006）中规定生活饮用水中细菌总数不超过 100 个 CFU/mL；总大肠菌群数、耐热大肠菌群数、大肠埃希氏菌均不得检出。水质常规指标及限值见表 2-16。

表 2-16　　　　　　　水质常规指标及限值

微生物指标	限值
总大肠菌群/（MPN/100mL 或 CFU/100mL）	不得检出
耐热大肠菌群/（MPN/100mL 或 CFU/100mL）	不得检出
大肠埃希氏菌/（MPN/100mL 或 CFU/100mL）	不得检出
菌落总数（CFU/mL）	100

4. 水的卫生学检验

（1）细菌总数的测定：平板计数法；37℃温度下培养 48h。

（2）总大肠菌群的测定：检验水中的大肠杆菌，可采用乳糖作培养基。选择培养温度 37℃，这样可以顺利地检验出寄生于人体的大肠杆菌和产气杆菌。

（3）乳糖发酵能力：大肠埃希氏菌＞枸橼酸盐杆菌＞产气杆菌＞副大肠杆菌。

2.5 废水生物处理

2.5.1 污染物的降解与转化

污染物转化过程总结见表 2-17。

表 2-17　　　　污染物转化过程总结

类别	转化过程
纤维素 半纤维素	作用的微生物：细菌、放线菌和真菌； 参与酶：细菌的表面酶和真菌的胞外酶； 过程：(纤维素)水解成纤维二糖，再转变为葡萄糖，(半纤维素)最终水解成单糖和糖醛酸
淀粉	作用微生物：细菌（如枯草杆菌）和霉菌（如青霉、曲霉、根霉等）； 先后被水解为糊精、麦芽糖、葡萄糖
脂肪	作用微生物：细菌中的脓杆菌、灵杆菌、荧光杆菌、真菌中的青霉和曲霉在脂肪酶的作用下水解为甘油和脂肪酸
芳香化合物	参与微生物：甲苯杆菌，放线菌中的诺卡氏菌属； 转化：苯环打开→分解
烃类	好氧条件下，各自降解
尿素	转化成碳酸铵再转变氨气、二氧化碳和水
蛋白质	氨化→硝化（有氧）→反硝化（无氧）
硫转化	有机硫：分解成 H_2S； 无机硫：硫化（有氧），反硫化（缺氧）
磷转化	无机磷：有机酸无机酸溶解； 有机磷：好氧条件下被微生物作用生产磷酸，无氧条件下被最终还原成 PH_3； 磷转化关键：厌氧放磷，好氧吸磷

2.5.2 废水生物处理方法

1. 好氧生物处理

(1) 活性污泥法。

1) 好氧活性污泥结构和功能的中心：菌胶团。

2) 丝状菌引起的污泥膨胀：丝状细菌、放线菌、霉菌。

3) 污泥膨胀的控制：①溶解氧的控制；②污泥负荷率控制；③营养比例的控制；④溶解有机物的控制。

(2) 生物膜法。

1) 好氧生物膜的结构：好氧生物膜在滤池内分布不同于活性污泥，生物膜附着在滤料上不动，废水自上而下淋洒在生物膜上。在滤池的不同高度位置，由于微生物得到的营养不同，造成微生物种类和数量的不同，因此生物相是分层的。生物膜微生物的分层见表 2-18。

表 2-18　　　　生物膜微生物的分层

项目	上层	中层	下层
营养物	浓度高	上层微生物的代谢产物及较低的有机物浓度	有机物浓度很低，低分子上层微生物的代谢产物较多
微生物种类	细菌及少数鞭毛虫	菌胶团、浮游球衣菌、鞭毛虫、变形虫、豆形虫、肾形虫等	菌胶团、浮游球衣菌、钟虫为主的固着型纤毛虫、少数游泳型纤毛虫

2) 活性污泥法和生物膜法对比见表 2-19。

表 2-19　　　　活性污泥法和生物膜法对比

项目	活性污泥法	生物膜法
微生物组成	酵母菌、霉菌、放线菌、藻类、原生动物及微型后生动物等	上层鞭毛虫、中层以菌胶团、球衣细菌鞭毛虫、变形虫、豆形虫、下层固着型纤毛虫、轮虫

第2章 水处理微生物学

续表

项目	活性污泥法	生物膜法
存在状态	悬浮状态存在	粘附在生物滤池滤料上或生物转盘盘片上
常用工艺或构筑物	推流式活性污泥法、完全混合式活性污泥法、接触氧化稳定法、氧化沟式活性污泥法	普通滤池、高负荷生物滤池、塔式生物滤池，以及生物转盘、接触氧化法（即浸没式滤池法）
处理污水性质	有机废水	有机废水
污泥膨胀	容易发生	不发生

2. 厌氧生物处理

(1) 厌氧消化三阶段理论。

1) 第一阶段：水解酸化阶段。将复杂的有机物在厌氧菌胞外酶的作用下，首先分解成简单的有机物。参与这个阶段的水解发酵菌主要是厌氧菌和兼性厌氧菌。

2) 第二阶段：产氢和产乙酸阶段。产氢产乙酸菌把除乙酸、甲酸、甲醇以外的第一阶段产生的中间产物如丙酸、等脂肪酸和醇类等转化成乙酸和氢，并产生 CO_2。

3) 第三阶段：产甲烷阶段。产甲烷菌把第一阶段和第二阶段产生的乙酸、氢气和 CO_2 等转化为甲烷。产甲烷菌是严格厌氧菌。

(2) 厌氧消化四种群理论。四种群：水解发酵菌、产氢产乙酸菌、同型产乙酸菌以及产甲烷菌。

3. 生物脱氮除磷

(1) 生物脱氮及参与微生物。脱氮过程分两步：①先经过硝化过程，给予好氧条件，在硝酸菌和亚硝酸菌的作用下，将

NH_3 氧化为亚硝酸盐和硝酸盐；②在缺氧条件下进行反硝化作用，在此过程中反硝化细菌将亚硝酸根和硝酸根还原为氮气。完成脱氮过程。

(2) 生物除磷及参与微生物。聚磷菌除磷过程分两步：①厌氧放磷，聚磷酸盐分解，释放磷酸，产生 ATP 吸收的有机物在体内合成 PHB；②好氧吸磷，聚磷菌进入好氧环境，PHB 分解释放能量，用于过量吸收环境中的磷所需能量，磷在聚磷细菌体内被合成多聚磷酸盐，随污泥排走。聚磷菌在好氧环境中所摄取的磷，比在厌氧环境中释放的磷多。

2.5.3 水体污染与自净的指示生物

1. 水体自净

污染物排入水体后水质发生一系列变化，接近污染源往往污染较严重，因河水有自净能力，随距离增加河水逐渐净化。根据这个原理，将水体划分为一系列的带，如多污带、α-中污带、β-中污带和寡污带。各污带均存在相应的生物群落，耐污的种类及其数量按以上顺序逐渐减少，而不耐污的种类和数量逐渐增多。

2. 污染水体的微生物生态

(1) 多污带：含大量有机物，BOD 高，溶解氧极低（或无），为厌氧状态。厌氧菌和兼性厌氧菌种类多。河底淤泥中有大量寡毛类（颤蚯蚓）动物。

(2) α-中污带：溶解氧少，为半厌氧状态，有机物量减少，BOD 下降。细菌数量较多，出现有蓝藻、裸藻、绿藻。

(3) β-中污带：有机物较少，BOD 和悬浮物含量低，溶解氧浓度升高；细菌数量减少，藻类大量繁殖，水生植物出现。原生动物有固着型纤毛虫，轮虫、浮游甲壳动物及昆虫出现。

（4）寡污带：有机物全部无机化，BOD 和悬浮物含量极低，水的浑浊度低，溶解氧恢复到正常含量。河流自净过程已完成的标志。细菌极少；出现钟虫、变形虫、旋轮虫、浮游甲壳动物、水生植物。

注册公用设备工程师执业资格考试 考点速记
给水排水专业基础

第 3 章
水力学

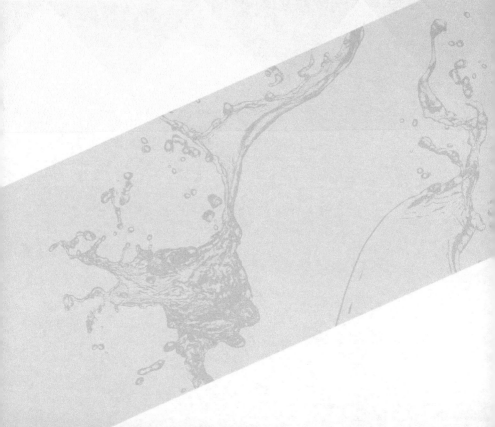

第3章 水力学

3.1 水静力学

3.1.1 流体的特点

无固定形状、具有流动性，不能承受剪切力、拉力（但是流体的抗压能力较强）。

3.1.2 流体的连续介质模型

流体是由无数质点组成且质点之间毫无空隙的连续体。

3.1.3 流体的主要物性

密度 $$\rho = \frac{m}{V} \tag{3-1}$$

重度 $$\gamma = \rho g \tag{3-2}$$

压缩性系数 $$\beta = \frac{\frac{\mathrm{d}\rho}{\rho}}{\mathrm{d}p} = -\frac{\frac{\mathrm{d}V}{V}}{\mathrm{d}P} \quad (\text{单位：Pa}^{-1}) \tag{3-3}$$

体膨胀系数 $$a = -\frac{\frac{\mathrm{d}\rho}{\rho}}{\mathrm{d}T} \quad (\text{单位：T}^{-1}) \tag{3-4}$$

3.1.4 流体内摩擦定律

$$\tau = \frac{T}{A} = \mu \frac{\mathrm{d}u}{\mathrm{d}y} = \mu \frac{\mathrm{d}\theta}{\mathrm{d}t} \tag{3-5}$$

对于气体，μ 值随着温度的升高而增加；对于液体，μ 值随着温度的升高而降低。

运动黏度 ν 与 μ 的关系为

$$\nu = \frac{\mu}{\rho} \tag{3-6}$$

理想流体：假想的无黏性的流体，即理想流体流过任何管道均不会产生能量损失。

3.1.5 流体的静压强及其特性

帕斯卡定律 $$p = p_0 + \rho g h \tag{3-7}$$

静压强特点：垂向性、各向等值性。

3.1.6 等压面

（1）相互连通的同一流体同一高度处的压强相同。

（2）相互连通的气体各点处的压强相同。

3.1.7 流体静压强的表示方法

（1）绝对压强（P'）：以绝对真空为零点而计量的压强。

（2）相对压强（p）：以当地同高程的大气压强 p_a 为零点起算的压强。

（3）表压：通过压力表测得。

（4）真空压强：通过真空表测得。

3.1.8 作用于平面的液体总压力

$$P = p_c A = \rho g h_c A \qquad (3-8)$$

式中　h_c——受压面形心处的水深。

3.1.9 作用于曲面的液体总压力

曲面总压力的水平分力（单位：Pa）

$$P_x = \rho g h_c A_x \qquad (3-9)$$

式中　A_x——曲面在水平（x 轴）方向的投影面积，m^2。

曲面总压力的垂直分力（单位：Pa）

$$P_z = \rho g V \qquad (3-10)$$

式中　V——曲面以上包含的液体的体积，m^3。

3.2 水动力学理论

3.2.1 描述流体运动的两种研究方法

1. 拉格朗日法

通过对每一个质点的运动（位置、速度、压强及其他流动参数随时间的变化）进行描述，然后把全部质点的运动情况汇总起来，就得到了整个流体的运动。故拉格朗日法又称为质点系法。

2. 欧拉法

以流体运动的空间作为观察的对象，描述某一时刻位于各空间点上的流体质点的速度、压强及其他流动参数的分布，然后把各个时刻的流体运动情况汇总起来，从而得到整个流体的运动。

欧拉法与拉格朗日法虽然对流体运动采用的描述方法不一样，但本质上是一致的。

3.2.2 时变加速度与位变加速度

由于时间变化而引起的质点速度发生变化的加速度，称当地（时变）加速度；由于质点位置不同而产生的加速度，称迁移（位变）加速度。

3.2.3 恒定流动和非恒定流动

若流场中任意点上的一切运动要素都不随时间而变化，这种流动称为恒定流动（定常流动），故恒定流动的时变加速度为 0。

3.2.4 迹线及迹线微分方程

同一点不同时刻的轨迹连线叫迹线，在采用拉格朗日法描述流体运动时使用。

迹线微分方程

$$\frac{\mathrm{d}x}{u_x} = \frac{\mathrm{d}y}{u_y} = \frac{\mathrm{d}z}{u_z} = \mathrm{d}t \qquad (3-11)$$

3.2.5 流线及其性质、流线微分方程

流线是某一时刻，由许多流体质点构成的一条空间曲线，曲线上所有质点在该时刻的速度矢量都与这一曲线相切。

流线微分方程

$$\frac{\mathrm{d}x}{u_x} = \frac{\mathrm{d}y}{u_y} = \frac{\mathrm{d}z}{u_z} \qquad (3-12)$$

(1) 流线彼此不能相交。

(2) 流线是一条光滑的曲线,不可能出现折点。

(3) 恒定流动时流线形状不变,流线和迹线重合;非恒定流动时流线形状发生变化。

(4) 流场中每一点都有流线通过,流线充满整个流场,流线密的位置速度大,流线疏的位置速度小。

3.2.6 均匀流与非均匀流

同一条流线上各个质点流速的大小和方向均沿程不变的流动叫均匀流动,均匀流动的位变(迁移)加速度等于0。

同一条流线上各个质点流速的大小和方向沿程变化的流动叫非均匀流动,流线接近于平行直线的流动称为渐变流,否则为急变流。

3.2.7 流体运动的连续性方程

宏观连续性方程

$$A_1 u_1 = A_2 u_2 = A_3 u_3 \quad (3-13)$$

连续性方程微分形式

$$\frac{\partial u_x}{\partial x} + \frac{\partial u_y}{\partial y} + \frac{\partial u_z}{\partial z} = 0 \quad (3-14)$$

3.2.8 伯努利方程式

$$Z_1 + \frac{p_1}{\rho g} + \frac{u_1^2}{2g} + H_i = Z_2 + \frac{p_2}{\rho g} + \frac{u_2^2}{2g} + h_w \quad (3-15)$$

3.2.9 伯努利方程式的适用条件

(1) 流体流动为恒定流动。

(2) 流体为黏性不可压缩的重力流体。

(3) 沿总流流束满足连续性方程,即 $Q_V=$ 常数。

(4) 方程选取的两控制断面必须是均匀流或渐变流截面,但两控制断面之间可以存在急变流。

3.2.10 测压原理

测压原理示意图如图3-1所示。

当测压管管口垂直于液体流速方向，见图3-1中的2点，此时测得的是该点处的"静压头+位置水头"，即测压管水头。

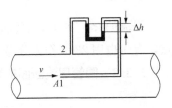

图3-1 测压原理示意图

当测压管管口迎着液体流速方向，见图3-1中的1点，此时测得的是该点处的总能量（静压头+位置水头+动压头），即总水头。

故图3-1中，Δh表征的是1点处的总水头与2点处的测压管水头之差，即Δh表征的是1点处的动压头。

3.2.11 恒定总流的动量方程

$$F = mu_2 - mu_1 = \rho Q(u_2 - u_1) \quad (3-16)$$

3.3 水流阻力和水头损失

3.3.1 造成流体流动水头损失的原因

1. 内因

实际流体具有黏性，产生速度梯度，从而导致黏滞力（即内摩擦力）的存在。

2. 外因

流场中管壁粗糙程度（粗糙系数n），或边界形状发生剧烈变化，或有局部障碍，这些因素对于阻力损失的影响体现在沿程阻力系数λ和局部阻力系数ζ中。

3. 根本原因

流体黏性是造成流动水头损失的根本原因。

3.3.2 层流和湍流的判别准则——临界雷诺数

雷诺数
$$Re = \frac{ud}{v} = \frac{\rho ud}{\mu} \tag{3-17}$$

层流的 $Re<2000$，湍流的 $Re>2000$（即以 2000 作为分界点，有时也用 2300 作为分界点。）

3.3.3 圆管层流断面的切应力公式

$$\tau = \frac{1}{2}\rho g J r \tag{3-18}$$

3.3.4 圆管层流断面的流速公式

$$u = \frac{\rho g J}{4\mu}(r_0^2 - r^2) \tag{3-19}$$

当 $r=0$ 时，管轴上达到最大流速，为

$$u_{\max} = \frac{\rho g J}{4\mu}r_0^2 \tag{3-20}$$

平均速度为

$$\bar{u} = \frac{1}{2}u_{\max} \tag{3-21}$$

3.3.5 湍流运动的特征

湍流运动的特征：湍流脉动。

3.3.6 湍流运动的阻力

湍流的剪切应力由黏性切应力和惯性切应力构成，有

$$\tau = \tau_1 + \tau_2 \tag{3-22}$$

黏性切应力 τ_1 由时均流速相对运动而产生，符合牛顿内摩擦定律，即

$$\tau_1 = \mu \overline{\frac{\mathrm{d}u}{\mathrm{d}y}} \tag{3-23}$$

湍流惯性切应力又称为雷诺应力，为

$$\tau_2 = -\rho \overline{u'_x u'_y} \tag{3-24}$$

3.3.7 湍流核心区流速分布

湍流核心区流速分布为对数型流速分布,有

$$u = \frac{1}{k}\sqrt{\frac{\tau_0}{\rho}}\ln y + C \qquad (3-25)$$

3.3.8 沿程阻力系数与雷诺数 Re、相对粗糙度 K/d 之间的关系

层流区 $\qquad\lambda = f_1(Re)$ \qquad (3-26)

临界区 $\qquad\lambda = f_2(Re)$ \qquad (3-27)

湍流光滑区 $\qquad\lambda = f_3(Re)$ \qquad (3-28)

湍流过渡区 $\qquad\lambda = f_4(Re, K/d)$ \qquad (3-29)

湍流粗糙(阻力平方)区 $\qquad\lambda = f_5(K/d)$ \qquad (3-30)

3.3.9 水力半径 R 和当量直径 d_e

水力半径 $\qquad R = \dfrac{A}{x}$ \qquad (3-31)

当量直径 $\qquad d_e = 4R$ \qquad (3-32)

3.4 孔口、管嘴出流和有压管路

3.4.1 孔口出流的定义及重要公式

孔口指在盛有流体的容器的底部或边壁上开设的形状一定、周界闭合的泄流口。流体经孔口流出的水力现象,称为孔口出流。

孔口流速为

$$u_c = \varphi\sqrt{2gH_0} \qquad (3-33)$$

式中 φ——流速系数,$\varphi = 0.97 \sim 0.98$。

孔口出流量为

$$Q = \mu A\sqrt{2gH_0} \qquad (3-34)$$

式中 μ——流量系数，$\mu=0.60\sim0.62$。

3.4.2 管嘴恒定出流的条件及重要公式

管嘴长度 $l=3\sim4d$。作用水头 $H_0<9.3\mathrm{m}$，通常取 9m。

管嘴流速与管嘴出流量计算公式同孔口出流，管嘴流速系数取 $\varphi=0.82$，管嘴流量系数取 $\mu=0.82$。

3.4.3 有压管道恒定流重要公式

1. 简单长管的水力计算

管路特性方程为

$$H = S_H Q^2 \tag{3-35}$$

式中 S_H——管路阻抗，$S_H = \dfrac{8\left(\lambda \dfrac{l}{d} + \sum \zeta\right)}{\pi^2 d^4 g}$。

2. 复杂长管的水力计算

（1）串联管路。

串联管路各管段的体积流量相等，即

$$Q = Q_1 = Q_2 = Q_3 \tag{3-36}$$

串联管路总水头损失等于各管段水头损失之和，即

$$H_{l1-3} = H_{l1} + H_{l2} + H_{l3} \tag{3-37}$$

串联管路总阻抗等于各管段阻抗之和，即

$$S = S_1 + S_2 + S_3 \tag{3-38}$$

结论：①串联管路各管段流量相等；②管路总阻抗等于各管段阻抗之和。

（2）并联管路。

管路总流量等于各管段的体积流量之和，即

$$Q = Q_1 + Q_2 + Q_3 \tag{3-39}$$

各并联管路水头损失相等，则

$$\frac{1}{\sqrt{S}} = \frac{1}{\sqrt{S_1}} + \frac{1}{\sqrt{S_2}} + \frac{1}{\sqrt{S_3}} \tag{3-40}$$

$$Q_1 : Q_2 : Q_3 = \frac{1}{\sqrt{S_1}} : \frac{1}{\sqrt{S_2}} : \frac{1}{\sqrt{S_3}}$$

结论：①并联管路总流量等于各支管流量之和；②各支管上的阻力损失相等；③总阻抗的平方根倒数等于各管段阻抗平方根倒数之和；④各支管的流量比等于各支管阻抗的平方根倒数的比。

3.5 明渠恒定流

3.5.1 水力半径及当量直径

水力半径为

$$R = \frac{A}{\chi} \tag{3-41}$$

当量直径为

$$d_e = 4R \tag{3-42}$$

3.5.2 明渠均匀流的形成条件

即恒、流、棱、粗。

(1) 水流必须是恒定流动的。

(2) 流量保持不变，沿程没有水流分出或汇入。

(3) 渠道必须是长而直的顺坡棱柱形渠道，即 l 沿程不变。

(4) 渠道粗糙情况沿程不变，且没有局部干扰。

3.5.3 明渠均匀流的水力计算公式

谢才公式

$$u = C\sqrt{RJ} = C\sqrt{Ri} \tag{3-43}$$

曼宁公式

$$C = \frac{1}{n}R^{\frac{1}{6}} \qquad (3-44)$$

则明渠均匀流流量公式

$$Q = Au = AC\sqrt{RJ}$$

3.5.4 明渠均匀流的水力最优断面

断面积、底坡、粗糙度等一定时，流量最大；或流量、底坡、粗糙度等一定时，断面积最小的断面称为水力最优断面。

所有断面中，圆形断面为水力最优断面；圆形断面的水力最优断面为半圆。

梯形水力最优断面的条件为

$$\frac{b}{h} = 2(\sqrt{1+m^2}-m) \qquad (3-45)$$

3.5.5 管道无压流的水流特征

当 $a=\frac{h}{d}=0.95$ 时，流量达到最大，有 $\frac{Q}{Q_0}=1.075$。

当 $a=\frac{h}{d}=0.81$ 时，流速达到最大，有 $\frac{v}{v_0}=1.16$。

当 $a=\frac{h}{d}=0.8$ 左右时，流量等于满管流流量。

当 $a=\frac{h}{d}=0.5$ 左右时，流速等于满管流流速。

3.5.6 明渠非均匀流的水力特征

流速、水深等都沿程变化，水面线一般为曲线（水面曲线），底坡线、总水头线、水面线三线不平行，即 $i \neq J \neq J_p$。

3.5.7 明渠恒定非均匀流的三种流态

急流、缓流、临界流。

3.5.8 明渠恒定非均匀流的流态判别方法

扰动波速为 $u_W=\sqrt{gh}$，水流速度为 u。

(1) 当 $u < u_W$ 时,缓流,干扰波向上游传播,传播速度为 $u_W - u$。

(2) 当 $u = u_W$ 时,临界流,干扰波不能向上游传播。

(3) 当 $u > u_W$ 时,急流,干扰波不能向上游传播。

定义无量纲数"弗劳德(Froude)数"为

$$Fr = \frac{u}{u_W} = \frac{u}{\sqrt{gh}}$$

$Fr < 1$ 时为缓流,$Fr = 1$ 时为临界流,$Fr > 1$ 时为急流。

3.5.9 断面单位能量(断面比能)

断面单位能量示意图如图 3-2 所示。

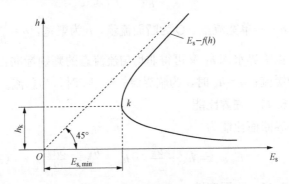

图 3-2 断面单位能量示意图

$$E_s = h + \frac{u^2}{2g} \qquad (3-46)$$

$$\frac{dE_s}{dh} = \frac{d\left(h + \frac{Q^2}{2gA^2}\right)}{dh} = 1 - \frac{Q^2}{gA^3}\frac{dA}{dh} \qquad (3-47)$$

$$= 1 - \frac{Q^2}{gA^3}b = 1 - \frac{u^2}{g\frac{A}{b}}$$

$$= 1 - \frac{u^2}{gh} = 1 - Fr^2$$

根据前述非均匀流弗劳德数判别准则,可得如下判别准则:

(1) $Fr<1$ 时为缓流,此时 $\dfrac{dE_s}{dh}>0$,故缓流对应断面单位能量的上支。

(2) $Fr=1$ 时,临界流(图 3-2 中的 k 点)。

(3) $Fr>1$ 时为急流,此时 $\dfrac{dE_s}{dh}<0$,故急流对应断面单位能量的下支。

3.5.10 临界水深

$$h_k = \sqrt[3]{\frac{Q^2}{gb^2}} = \sqrt[3]{\frac{q^2}{g}} \qquad (3-48)$$

式中 q——单宽流量,Q 为断面流量,b 为渠宽,$q=\dfrac{Q}{b}$。

根据临界水深 h_k 又可得非均匀流流态的判别标准:$h>h_k$ 时,为缓流;$h=h_k$ 时,为临界流;$h<h_k$ 时,为急流。

3.5.11 临界比能

临界断面比能为

$$E_{s,\min} = h_k + \frac{u_k^2}{2g} = h_k + \frac{h_k}{2} = \frac{3h_k}{2} \qquad (3-49)$$

3.5.12 临界底坡

临界底坡 i_k 为

$$i_k = \frac{g\chi_k}{C_k^2 b_k} \qquad (3-50)$$

式中 χ_k——湿周;

b_k——渠宽;

C_k——谢才系数。

对于宽浅的渠道($\chi_k \approx b_k$),$i_k = \dfrac{g}{C_k^2}$。

明渠均匀流流态的判别准则见表 3-1。

表3-1　　　　明渠均匀流流态的判别准则

缓坡	临界坡	陡坡
$i<i_k$	$i=i_k$	$i>i_k$
$h_0>h_k$	$h_0=h_k$	$h_0<h_k$
均匀流为缓流	均匀流为临界流	均匀流为急流

3.6　堰　流

3.6.1　堰流的特点

(1) 堰流为急变流。

(2) 堰流只考虑局部水头损失。

3.6.2　堰的分类

(1) 薄壁堰，$\dfrac{\delta}{H}<0.67$。

(2) 实用堰，$0.67\leqslant\dfrac{\delta}{H}\leqslant 2.5$。

(3) 宽顶堰，$2.5<\dfrac{\delta}{H}\leqslant 10$。

3.6.3　堰流过流能力的基本公式

$$Q=\sigma\varepsilon mb\sqrt{2g}H_0^{1.5} \qquad (3-51)$$

3.6.4　流量系数 m 的取值范围

(1) 薄壁堰：$m=0.42$。

(2) 实用堰：$m=0.43\sim 0.5$（曲线型），$m=0.35\sim 0.43$（折线型）。

(3) 宽顶堰：$m=0.32\sim 0.38$。

(4) 淹没系数 $\sigma<1$，侧收缩系数 $\varepsilon<1$。

3.6.5 三角形薄壁堰的流量公式

$$Q = 1.4H^{2.5} \qquad (3-52)$$

3.6.6 宽顶堰淹没条件

$$\Delta = h - P' > 0.8H_0 \qquad (3-53)$$

式中 Δ——下游水位高出堰顶的高度，m；

h——下游水位高度，m；

P'——堰顶高度，m；

H_0——作用水头，m。

3.6.7 小桥过流现象

(1) 当下游河渠水深 $h \leqslant 1.3h_k$ 时，为自由出流，桥下水深小于临界水深，可表示为 $h_1 = \psi h_k$（$\psi < 1$），为急流。

(2) 当下游河渠水深 $h > 1.3h_k$ 时，为淹没出流，桥下水深 h_2 大于临界水深 h_k，为缓流，此时认为 $h_2 = h$。

3.6.8 消力池

在堰闸下游、陡坡渠道的尾端、桥涵出口、跌水处等的水流，一般具有较大的流速，因而具有较大的动能，为消除这一动能对下游河床和建筑物产生的不利影响而设计的水工结构称为消力池。

注册公用设备工程师执业资格考试 考点速记
给水排水专业基础

第 4 章
水泵及水泵站

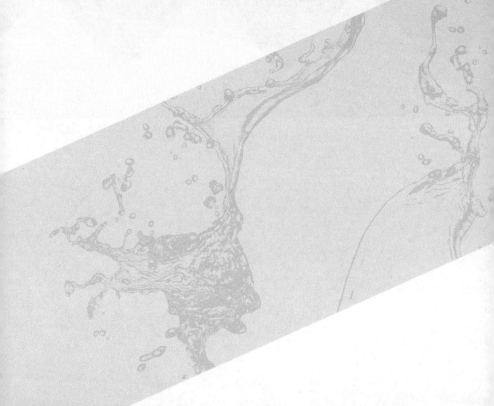

第4章 水泵及水泵站

4.1 水泵及其分类

4.1.1 泵定义

输送和提升液体机械,把原动机的机械能转化为被输送液体的动能和势能。

4.1.2 水泵的分类

1. 叶片式水泵

叶片式水泵利用装有叶片的叶轮,在高速旋转时完成对液体的输送。属于这一类的主要有离心泵、轴流泵、混流泵等。

2. 容积式水泵

容积式水泵依靠改变泵体工作室的容积来达到输送液体的目的。属于这一类的主要有活塞式往复泵、柱塞式往复泵、转子泵等。

3. 其他类型水泵

把不属于上述两类的水泵全部归纳为本类。主要有螺旋泵、射流泵(又称水射器)、水锤泵、水轮泵、气升泵等。

4.2 叶片式水泵

4.2.1 离心泵结构

离心泵为离心力作用,沿叶轮径向出水。离心泵示意图如图4-1所示。

4.2.2 轴流泵结构

轴流泵为轴向升力作用,沿叶轮轴向出水。轴流泵示意图如图4-2所示。

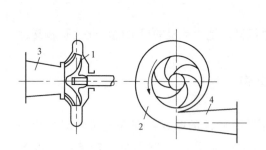
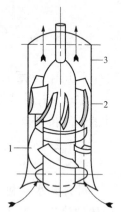

图 4-1 离心泵示意图

1—叶轮；2—压出室；
3—吸入室；4—扩散室

图 4-2 轴流泵示意图

1—叶轮；2—导流器；
3—泵壳

4.2.3 混流泵结构

混流泵为离心力、轴向升力共同作用，斜向出水。混流泵示意图如图 4-3 所示。

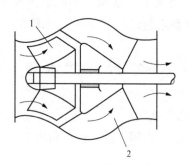

图 4-3 混流泵示意图

1—叶轮；2—导叶

4.3 离心泵

4.3.1 离心泵工作原理

离心泵在启动之前,应先用水灌满泵壳和吸水管道。在泵内充满液体的情况下,叶轮旋转产生离心力,叶轮槽道中的液体在离心力的作用下甩向外围,流进泵壳,使叶轮中心形成真空,液体就在大气压力的作用下,由吸入池流入叶轮。这样液体就不断地被吸入和打出。在叶轮里获得能量的液体流出叶轮时具有较大的动能,这些液体在螺旋形泵壳中被收集起来,并在后面的扩散管内把动能变成压力能。如果不预先将泵充满液体就无法形成真空环境,既无法吸入液体从而获得动能。所以在启动前要先灌水。

4.3.2 离心泵性能参数

1. 泵的效率

$$\eta = \rho g Q H / N \qquad (4-1)$$

式中 ρ——液体的密度,kg/m³;

g——重力加速度,m/s²;

Q——水泵出水量,m³/s;

H——水泵扬程,m;

N——轴功率,是泵轴得自原动机所传递来的功率,kW。

2. 有效功率 N_e

单位时间内流体从泵中所获得的总能量 N_e,它等于重量流量和扬程的乘积,即

$$N_e = \rho g Q H \qquad (4-2)$$

3. 轴功率 N

原动机传递到泵轴上的输入功率。

4. 转速 n

水泵叶轮的转动速度，通常以每分钟转动的次数来表示，以字母 n 表示，常用单位为 r/min。

在往复泵中转速通常以活塞往复的次数来表示（次/min）。

5. 允许吸上真空高 H_s

H_s 指水泵在标准状况下（即水温为 20℃、表面压力为一个标准大气压）运转时，水泵所允许的最大的吸上真空高度（即水泵吸入口的最大真空度），单位为 mH_2O。水泵厂一般常用 H_s 来反映离心泵的吸水性能。

6. 流量

(1) 汽蚀现象。

水泵运行时，由于某些原因而使泵内局部位置的压力降低到水的饱和汽化压力时，水产生汽化，并产生大量气泡。从水中离析出来的大量气泡随着水流向前运动，达到高压区时受到周围液体的挤压而溃灭，气泡又重新凝结成水，气泡破灭时，水流质点从四周以高速向气泡中心冲击，产生强烈的局部水锤。这种现象就是水泵的汽蚀现象。

(2) 气蚀余量。

气蚀余量 H_{sv} 指水泵进口处，单位重量液体所具有超过饱和蒸汽压力的富裕能量。水泵厂一般常用 H_{sv} 来反映轴流泵、锅炉给水泵等的吸水性能。单位为 mH_2O。气蚀余量在水泵样本中也有以 Δh 来表示的。

4.3.3 离心泵基本方程式

1. 理论扬程 H_T

$$H_T = \frac{1}{g}(u_2 C_{2u} - u_1 C_{1u}) \qquad (4-3)$$

式中 u_2、u_1——叶轮出口、进口的牵连速度；

第4章
水泵及水泵站

C_{2u}、C_{1u}——叶轮出口、进口绝对速度的切向分速度。

2. 总扬程 H

水厂运行管理中，正在运转的离心泵装置的总扬程为

$$H = H_d + H_v + \frac{v_2^2 - v_1^2}{2g} + \Delta Z \quad (4-4)$$

式中 H_d——以水柱高度表示的压力表读数，m；

H_v——以水柱高度表示的真空表读数，m；

$\dfrac{v_2^2}{2g}$、$\dfrac{v_1^2}{2g}$——分别为压力表所在断面、真空表接孔所在断面的流速水头，m；

ΔZ——真空表接孔到压力表中心的位置高差，m。

3. 水泵所需扬程的计算

泵站的工艺设计中，水泵所需扬程的计算为

$$H = H_{ST} + \sum h \quad (4-5)$$

$$H_{ST} = H_{SS} + H_{Sd} \quad (4-6)$$

$$\sum h = SQ^2 \quad (4-7)$$

式中 H——水泵装置的总扬程，m；

H_{ST}——水泵装置的静扬程，m；

$\sum h$——水泵装置管路中水头损失的总和，m；

H_{SS}——水泵吸水地形高度，m；

H_{Sd}——水泵压水地形高度，m；

S——管道系统的总摩阻系数；

Q——水泵的出水量，m³/s。

4.3.4 水泵性能曲线

（1）Q-H 曲线：注意高效范围。

（2）Q-N 曲线：$Q=0$ 时，$N=30\% \sim 40\% N_{额}$，水泵可以采用"闭闸启动"。

(3) Q-η 曲线：具有极大值，一般要求水泵工作在此点。

(4) Q-H_S 曲线：允许吸上真空高度，即水泵最大安装高度。

注意：每条性能曲线都是在一定转速建立，η 改变所有曲线均变。

4.3.5 管道系统特性曲线与水头损失特性曲线

管道系统特性曲线与水头损失特性曲线如图 4-4 所示。

$$H = SQ^n$$

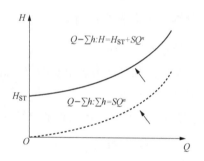

图 4-4 管道系统特性曲线与水头损失特性曲线

图 4-4 中实线表示水泵流量 Q 与提升单位重量液体所消耗能量 H 的关系。

图 4-4 中虚线当静扬程 $H_{ST}=0$ 时，反应的是管道系统中水头损失与流量的关系。

4.4 水泵运行工况点

4.4.1 水泵定速运行工况点

水泵的 Q-H 线与水泵系统管道曲线交点，交点应位于 Q-η 最高区范围内。

1. 图解法

图解法与离心泵装置的工况点如图 4-5 所示。

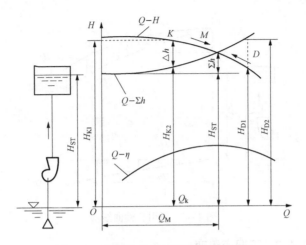

图 4-5　图解法求离心泵装置的工况点

（1）实际的出水量 Q、扬程 H 等数值关系在水泵性能曲线上的对应位置。

（2）图解法就是通过绘制水泵性能曲线和管道系统曲线，找到二线的交点 M，点 M 表示将水输送到高度 H_{ST} 时，水泵提供给水的总比能与管道所要求的总比能相等的点，称它为该水泵装置的平衡工况点。

（3）此时水泵管路上所有阀门全开，对应流量最大，也称为极限工况点。

2. 折引特性曲线法

先沿 Q 的下方画出管道系统曲线，再在水泵 Q-H 曲线上减去相应流量下的水头损失，得到 $(Q$-$H)'$ 曲线。静扬程 H_{ST} 与 $(Q$-$H)'$ 交点 M' 点代表装置的静扬程，M-M' 代表管道损失，M 点代表水泵工况点。折引特性曲线法如图 4-6 所示。

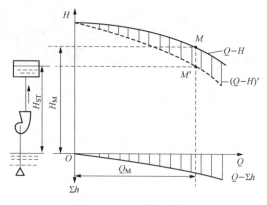

图 4-6 折引特性曲线法

4.4.2 工况点改变

离心泵工况点随水位而变化示意图如图 4-7 所示，节流调节示意图如图 4-8 所示。

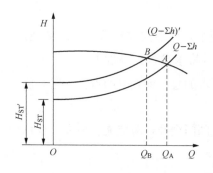

图 4-7 离心泵工况点随水位而
变化示意图

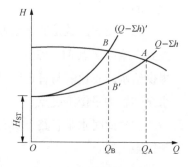

图 4-8 节流调节示意图

从图形可以发现，改变主要为两个方面：H_{ST} 和 Σh。H_{ST} 会因吸水后水面变化改变，Σh 会因为管道上阀门开闭程度而变化，节流调节方便易行，但是长期节流调节不满足经济性要求、水泵不能处于能效最高点。

4.4.3 调速运行

调速运行是通过改变转速来改变水泵装置的工况点,扩展离心泵有效工作范围。

调速运行后的各参数计算依据是叶轮相似定律;比例应用前提是等效率曲线。

1. 叶轮相似定律

(1) 几何相似与运动相似:①几何相似,两台泵,对应尺寸成比例,对应角度相等;②运动相似,两台泵,对应同名速度大小成比例,方向相同。

(2) 第一相似定律/流量相似定律

$$\frac{Q}{Q_\mathrm{m}} = \lambda^3 \frac{n}{n_\mathrm{m}} \qquad (4-8)$$

(3) 第二相似定律/扬程相似定律

$$\frac{H}{H_\mathrm{m}} = \lambda^2 \left(\frac{n}{n_\mathrm{m}}\right)^2 \qquad (4-9)$$

(4) 第三相似定律

$$\frac{N}{N_\mathrm{m}} = \lambda^5 \left(\frac{n}{n_\mathrm{m}}\right)^3 \qquad (4-10)$$

2. 比例律——水泵调速运行的依据

若当 λ 相同时,反应的是同一台泵在转速改变的时候相似工况点的各参数变化,即为比例率,有

$$\frac{Q}{Q_\mathrm{m}} = \frac{n}{n_\mathrm{m}} \qquad (4-11)$$

$$\frac{H}{H_\mathrm{m}} = \left(\frac{n}{n_\mathrm{m}}\right)^2 \qquad (4-12)$$

$$\frac{N}{N_\mathrm{m}} = \left(\frac{n}{n_\mathrm{m}}\right)^3 \qquad (4-13)$$

比例率应用的前提是效率相同,即

$$H = KQ^2 \qquad (4-14)$$

4.5 比 转 数

4.5.1 比转数计算公式

按相似原理,把泵分若干泵群,相似泵群有一台模型泵作代表,反映他们的共同特性和叶轮构造。

泵群中任何一台通过比转数计算公式可以计算出比转数,即可判断此泵属于何种泵群,为选择泵提供参数依据。比转数计算公式为

$$n_s = \frac{3.65n\sqrt{Q}}{H^{\frac{3}{4}}} \qquad (4-15)$$

式中 n——水泵的额定转速,r/min;

Q——水泵效率最高时的单吸流量,m³/s;

H——水泵效率最高时的单级扬程,m。

在比转数时,Q 的单位要换成 m³/s,双吸按单吸代入,多级按单级代入,题目中有时会不给流量单位。

根据比转数计算公式可以推出:n 大、Q 大、H 小,比转数大,为轴流泵;n 小、Q 小、H 大,比转数小,为离心泵。

低比转数泵的特点:扬程高,流量小,叶轮出口直径与叶轮进口直径比值大,叶轮出口宽度与叶轮出口直径比值小,溜槽狭长、出水径向。

4.5.2 各类泵比转数汇总

各类泵比转数汇总见表 4-1。

表 4-1　　　　各类泵比转数汇总

离心泵 n_s			混流泵	轴流泵
低比转数	中比转数	高比转数		
50~100	100~200	200~300	350~500	500~1200

4.6 离心泵的并联与串联运行（图解法）

4.6.1 两同一对称（等扬程流量叠加）

同型号，同水位，管路对称：汇流管前的各泵流量为 $Q/2$，因此管损有 1/4 的系数，即

$$H = H_{ST} + H_{OG} + H_{AO} = H_{ST} + (S_{OG} + 1/4 S_{AO})Q^2 \quad (4-16)$$

图解步骤如下：

(1) 画出单台水泵 $(Q\text{-}H)_{1,2}$ 曲线，通过等扬程下流量叠加画出两台泵叠加后曲线 $(Q\text{-}H)_{1+2}$。

(2) 画出并联时管道系统曲线 $Q\text{-}\Sigma h_{AOG}$，与曲线 $(Q\text{-}H)_{1+2}$ 交于点 M，交曲线 $(Q\text{-}H)_{1,2}$ 于点 S；M 点为并联工况点；S 点为只开一台泵工况点。

(3) 过 M 作水平线与曲线 $(Q\text{-}H)_{1,2}$ 交于点 N，N 点为并联时各泵工况点。

同型号、同水位、管路对称布置的两台水泵的并联如图 4-9 所示。

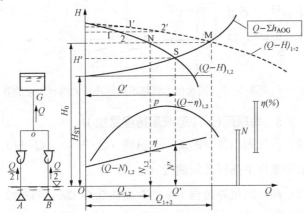

图 4-9 同型号、同水位、管路对称布置的两台水泵的并联

注：并联运行各泵参数 Q、H；单独运行时各泵参数 Q'、H'。有以下关系：$2Q>Q'>Q$；$H>H'$。并联功率和效率要通过单台计算，$N_{1+2}=2N$；$\eta_{1+2}=2\rho g HQ/N_{1+2}$。

4.6.2 一同两不同（折引后等扬程流量叠加）

不同型号，同水位，管路不对称（Σh_{AB} 和 Σh_{BC} 不相等）；不能用等扬程流量叠加，采用各泵折引（对应泵折 Σh_{AB} 和 Σh_{BC}）特性曲线方法：先将各泵通过折引后再进行等扬程下流量叠加，后续同 4.6.1 中步骤。

不同型号、同水位、管路不对称布置的两台水泵的并联如图 4-10 所示。

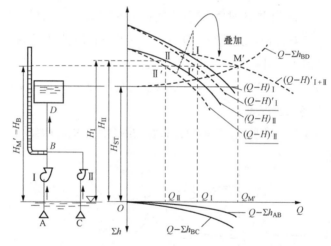

图 4-10 不同型号、同水位、管路不对称布置的两台水泵的并联

4.6.3 串联运行（等流量扬程叠加）

（1）分别画出各泵的 Q-H 曲线 $(Q\text{-}H)_1$、$(Q\text{-}H)_2$，然后画出等流量下扬程叠加曲线 $(Q\text{-}H)_{1+2}$。

（2）画出满足静扬程 H_{ST} 的管损曲线 Q-Σh，与曲线 $(Q\text{-}H)_{1+2}$ 交于 A 点。

(3) 作 A 点垂线与曲线 $(Q\text{-}H)_1$、$(Q\text{-}H)_2$ 交于 B、C 点。则 B、C 为串联时单台泵的运行工况点。

水泵的串联如图 4-11 所示。

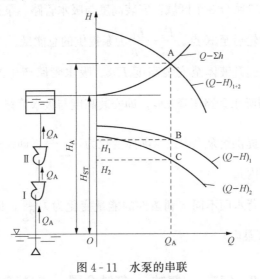

图 4-11 水泵的串联

4.7 吸水管路压力变化

K 点的真空度表达式为

$$\frac{P_a}{\rho g} - \frac{P_K}{\rho g} = \left(H_{SS} + \frac{v_1^2}{2g} + \Sigma h_S\right) + \left(\frac{C_0^2 - v_1^2}{2g} + \lambda \frac{W_0^2}{2g}\right)$$

(4-17)

式中 $P_a/\rho g$——当地大气压；

$P_K/\rho g$——K 点绝对压力；

H_{SS}——水泵安装高度；

v_1、C_0——分别为水泵进口和叶轮进口 O 点速度。

λ 为气穴系数，有

$$\lambda = \frac{W_K^2}{W_0^2} - 1 \qquad (4-18)$$

式中 W_K——叶轮进口和 K 点液体相对流速。

吸水管路分3个区域：安装高度与吸水管路、泵进口至叶轮前、叶轮后至 K 点。$\frac{P_a}{\rho g} - \frac{P_K}{\rho g}$ 为泵提供的总能量。

(1) 提升液体至安装高度 H_{SS}、吸水管路产生的水头为 $\frac{v_1^2}{2g}$，克服吸水管路压降 Σh_S，即安装高度与吸水管路（泵外）。

(2) 提供给泵壳内过水断面变化为 $\frac{C_0^2 - v_1^2}{2g}$，即泵进口至叶轮前（泵内）。

(3) 背水面不同水利条件的能量变化为 $\lambda \frac{W_0^2}{2g}$，即叶轮后至 K 点（泵内）。

4.8 气穴、气蚀、气蚀余量、安装高度

4.8.1 水泵的吸水性能的衡量

水泵的吸水性能，可用允许吸上真空高度 H_S 或气蚀余量 H_{SV} 来衡量。

当用气蚀余量 H_{SV} 来衡量时，气蚀余量越小，表示水泵吸水性能好。

气蚀余量 H_{SV} 计算公式为

$$H_{SV} = h_a - h_{Va} - \Sigma h_S - H_{SS} \qquad (4-19)$$

4.8.2 安装高度

当用允许吸上真空高度 H_S 表示时，则水泵的安装高度 H_{SS} 为

$$H_{SS} = H'_S - \frac{v_1^2}{2g} - \Sigma h_S \qquad (4-20)$$

同时，H_{SV}也能表示安装高度 $H_{SS} = h_a - h_{Va} - \Sigma h_S - H_{SV}$。

注：为安全起见，实际水泵安装高度比最大安装高度低 0.4~0.6m。

4.9 轴流泵及混流泵

轴流泵主要靠叶片升力提升液体，混流泵主要靠升力和离心力共同提升液体。

轴流泵性能曲线如图 4-12 所示。

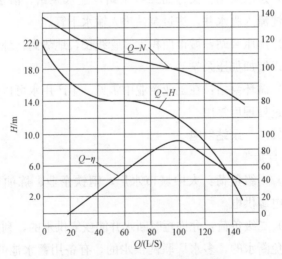

图 4-12 轴流泵性能特性曲线

(1) Q-H：陡降且有转折，且随着 Q 减小扬程 H 剧烈增加。

(2) Q-N：陡降曲线，且 $Q=0$ 时 N 最大，采用开闸启动。

(3) Q-η：呈驼峰、高效范围小，不适合采用节流调节，采用改变叶片角度（装置角）调节，称为变角调节。

4.10 给水泵站

4.10.1 泵站分类

按机组位置,可分为地表、地下、半地下;按操作方式,可分为手动、全自动、半自动、遥控;按在给水系统中作用,可分为取水、送水、加压、循环。

(1) 取水泵站:又称一级泵站,由吸水井,泵房,阀门井组成。

(2) 送水泵站:又称而二级泵站,配水泵站,清水泵站,由清水池流入吸水井,进过泵站进入输水干管。

(3) 加压泵站:城市面积大,管线长,地势高,地下起伏大,可以增加加压泵站。

(4) 循环泵站:在工业企业中常见,生产用水可以循环使用或进过处理后复用。

4.10.2 泵站供电

1. 负荷等级

(1) 一级负荷:大中城市水厂,钢铁企业、炼油厂净水厂;双电源供电。

(2) 二级负荷:允许短时断水并能恢复供水的,利用管网调度避免断水的,多水厂联网供水的,有备用蓄水池的泵站,高地水池的城市水厂;双回路供电或一回路专用线路供电。

2. 电压选择

小于 100kW,可以采用 0.4kV,中小型采用 10kV,大型采用 35kV。

3. 变电站

(1) 独立变电站:维护管理不方便,很少用。

(2) 附设变电站：结构方面带来困难。

(3) 室内变电站：常用。

4. 电动机

(1) 笼型异步电机：不能调速，启动转矩小，离心泵低负荷启动，能满足。

(2) 绕线转子异步电机：功率因数高，可调速。

(3) 同步电机调速公式

$$n = 60f/p \qquad (4-21)$$

异步电机调速公式

$$n = 60f(1-s)/p \qquad (4-22)$$

式中　f——工频；

　　　p——电动机极对数；

　　　s——转差率。

4.10.3　机组布置

1. 机组布置

纵向排列、横向排列、横向双行排列。

2. 纵向排列

单级单吸适用，双吸占多数不适用。

3. 横向排列

适合多级多吸，管路顺直。

4. 排列基本间距

(1) 门到管，最大设备+1m。

(2) 管与管 0.7m；管与供电设备 1.5m，管与高压设备 2.0m。

(3) 水泵与墙壁 1m。

(4) 水管与电动机 0.7m，大于 55kW 1.0m。

(5) 机组维修操作，泵轴+0.5m且大于 3.0m。

5. 水泵基础

L，底座+0.2~0.3m。

B，底座孔距+0.3m。

H，底座螺钉+0.1~0.15m。

不带底座的孔距+0.4~0.6m。

6. 机组间距

机组间，机组与墙壁间距55kW内1.0m；大于55kW 1.2m。

机组竖向布置，出水管道0.6m，双排布置出水管与机组0.6~1.2m。

泵站主要通道1.2m。

4.10.4 吸水管路与压水管路

1. 吸水管路

要求：不漏气、不存气、不吸气（吸水口淹没0.5~1.0m）。

吸水管内水流速度：$D_N<250$，1.0~1.2m/s；$250 \leqslant D_N \leqslant 1000$，1.2~1.6m/s；$D_N>1000$，1.5~2.0m/s。采用自灌式，可以适当增大。

2. 压水管路

要求：不倒流。

压水管路流速：$D_N<250$，1.5~2.0m/s；$250 \leqslant D_N \leqslant 1000$，2.0~2.5m/s；$D_N>1000$，2.0~3.0m/s。

布置：输水干管通常设置两条；高地水池可以设置一条；设置两条时，任何一条都能满足供水要求且不影响其他供水。

4.10.5 水锤

水锤是指水泵断电，造成水泵和管路中水流速度递变引起的压力递变现象。

对策：有阀系统；无阀系统；断流弥合；合理布置管路，防止水柱分离；设置水锤消除器、空气缸或取消止回阀。

4.10.6 泵站噪声

工业噪声分类：空气动力、机械性、电磁性。泵站中主要以电磁高频噪声为主。

空气动力：空气动力的噪声，风机，压缩机噪声。

机械性：振动的噪声，轴承等。

电磁性：变压器，电动机。

噪声防治：采取吸声、消声、隔声、隔振等噪声控制技术。

4.11 排 水 泵 站

4.11.1 排水泵站分类

按性质，可分为污水（生活污水、生产污水）泵站、雨水泵站、合流泵站、污泥泵站；按在排水系统中作用，可分为中途泵站（区域泵站）和终点泵站；按水泵启动前是否自流充水，可分为自灌和非自灌泵站；按平面形状，可分为圆形、矩形泵站；按集水池与机器间组合情况，可分为合建、分建泵站；按控制方式，可分为人工，自动，遥控泵站。

4.11.2 排水泵站构造

排水泵站多采用自灌式泵站，设计半地下或地下。

集水池容积：最大水泵 5min 的出水流量计算。

水泵选型：①流量，污水泵站按最高日最高时污水流量确定；②扬程，污水泵站扬程低，局部水头损失占比大，不能忽略。

4.11.3 管道布置

吸水管流速 1.0～1.5m/s；最低不低于 0.7m/s。

压水管流速 0.8～2.5m/s；共用出水管，当一泵工作时，管内流速不低于 0.7m/s。

每台水泵压水管设置阀门。

4.11.4 雨水泵站

特点：流量大、扬程小。大都采用轴流泵或混流泵。其形式分干室式和湿室式。

水泵选型：大型泵站按流入管道的流量计算，小型泵站（流量在 2.5 以下）总抽水能力可大略大于管道设计流量。

集水池：雨水不考虑集水池，利用管道集水，一般只考虑水泵正常工作和合理布置吸水口所必需容积，满足最大一台泵 30s 的出水量。

电动机净空高：55kW 以下不小于 3.5m；100kW 以上不小于 5.0m。

4.11.5 合流泵站

重点考察泵选型，晴天，无雨水，污水流量小；雨天，雨水流量大；充分考虑后选型。

4.12 螺旋泵污水泵站

流量 Q 计算公式为

$$Q = \frac{\pi}{4}(D^2 - d^2)\alpha S n \, (\text{m}^3/\text{min}) \qquad (4-23)$$

螺旋泵：转速 20~90r/min，直径越大，转速越小。

螺旋泵的排水量与螺旋泵的外径的立方成正比。

螺旋泵排水量 Q 与直径（叶片外径）D 有以下关系

$$Q = \phi D^3 n \qquad (4-24)$$

式中 ϕ——流量系数，其值随泵的安装倾角而变化；

n——转速，r/min。

注册公用设备工程师执业资格考试 考点速记
给水排水专业基础

第 5 章
水分析化学

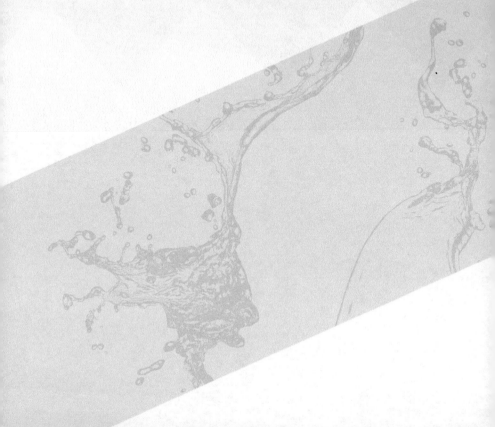

第5章
水分析化学

5.1 水分析化学过程质量保证

5.1.1 准确度

$$绝对误差 = 测量值 - 真实值 \quad (5-1)$$

$$相对误差 = \frac{绝对误差}{真实值} \times 100\% \quad (5-2)$$

5.1.2 精密度

$$绝对偏差 = 测量值 - 平均值$$
$$d = X - \bar{X} \quad (5-3)$$

$$相对偏差 = \frac{绝对偏差}{\bar{X}} \times 100\% \quad (5-4)$$

有限测定次数时，标准偏差为

$$s = \sqrt{\frac{\sum(X-\bar{X})^2}{n-1}} (样本) \quad (5-5)$$

相对标准偏差为 $CV = \dfrac{s}{\bar{X}} \times 100\%$ \quad (5-6)

5.1.3 系统误差

1. 概念

由固定的原因造成的，使测定结果系统偏高或偏低，重复出现。

2. 特点

大小可测，具有单向性、恒定性、重复性，影响准确度，不影响精密度。可用校正法消除。

3. 种类

(1) 方法误差：分析方法本身不完善而引起的。

(2) 仪器和试剂误差：仪器本身不够精确，试剂不纯引起误差，仪器未校正等。

（3）操作误差：分析人员操作与正确操作差别引起的。

5.1.4 减少系统误差的途径

1. 校准仪器

仪器不准确引起的系统误差，通过校准仪器来减小其影响。如砝码、移液管和滴定管等，在精确的分析中，必须进行校准，并在计算结果时采用校正值。

2. 空白试验

空白试验：在不加待测组分的情况下，按照试样分析同样的操作手续和条件进行试验，所测定的结果为空白值，从试样测定结果中扣除空白值，来校正分析结果。

3. 对照试验

与标准试样的标准结果进行对照；标准试样、管理样、合成样、加入回收法；与其他成熟的分析方法进行对照；国家标准分析方法或公认的经典分析方法；由不同分析人员，不同实验室来进行对照试验。内检、外检。

4. 分析结果的校正

校正分析过程的方法误差，如用重量法测定试样中高含量的 SiO_2，因硅酸盐沉淀不完全而使测定结果偏低，可用光度法测定滤液中少量的硅，而后将分析结果相加。

5.1.5 偶然误差

1. 概念

某些偶然原因引起的误差。

2. 特点

随机性、不可预测性（可大可小）、难以校正（无法避免）、服从正态规律（绝对值相等的正负误差出现概率相等、绝对值小的出现概率大，绝对值大的出现概率小）。

3. 产生原因

偶然因素：如气温、气压微小波动；仪器的微小波动及操作技术上的微小差别。

4. 减少方法

在消除系统误差的前提下，平行测定次数愈多，平均值愈接近真实值。因此，增加测定次数，可以提高平均值精密度。在化学分析中，对于同一试样，通常要求平行测定 2～4 次。

5.1.6 过失误差（错误）

操作人员主观原因、粗心大意及违反操作规程造成的。

5.1.7 水样预处理

1. 阻留不可滤残渣的能力大小

$$滤膜＞离心＞滤纸＞砂芯漏斗$$

2. 必须现场测定的指标

水温、溶解氧、CO_2、色度、亚硝酸盐氮、嗅阈值、pH、总不可滤残渣（或总悬浮物）、酸度、碱度、浊度、电导率、余氯等。

5.1.8 水量保存

1. 加入生物抑制剂

测氨氮、硝酸盐氮、COD 的水样中加入 $HgCl_2$，以抑制生物的氧化分解；对于测定酚的水样，加入适量 $CuSO_4$，可抑制苯酚菌的分解活动。

2. 调节 pH

测定金属离子，加入 HNO_3 以调节 pH 至 1～2，可防止水解沉淀，以及被器壁吸附；测定氰化物或挥发性酚的水样，加入 NaOH 调节 pH 至 12，使之生成稳定的酚盐；测 COD 和脂肪的水样也需要酸化保存。

5.1.9 有效数字

对于数字"0"来说，可以是有效数字，也可以不是有效数字。当用其表示与测量精度有关的数值大小时，为有效数据，而仅仅用来指示小数点位置时，则是非有效数字。在一个数中，确定数字"0"是否是有效数字的方法是，左边第一个非零数字之前的所有"0"都是非有效数字，仅仅作为标定小数点位置而已；而位于右边的最后一个非零数字之后的那些"0"都是有效数字。如：0.00001 是 1 位有效数字；1.000 是 4 位有效数字；10000 是 5 位有效数字。

注意区分：1×10^4 是 1 位有效数字，而 10000 是 5 位有效数字。

加减运算结果的绝对误差应不小于各项中绝对误差最大的数（计算结果的小数点后面的位数与各数中小数点后面位数最少者一致）。

乘除运算结果的相对误差应与各因数中相对误差最大的数相适应。即与有效数字位数最少的一致。

pH/pM/LgK 等对数形式有效数字位数取小数部分。

容量器皿读数取 4 位有效数字。

5.2 酸 碱 理 论

5.2.1 酸碱平衡

1. 共轭酸碱对 K_a 和 K_b 的关系

$$K_a K_b = K_w = 1.0 \times 10^{-14}$$

$$pK_a = -\lg K_a, pK_b = -\lg K_b \tag{5-7}$$

$$pK_a + pK_b = 14$$

（1）酸、碱既可以是中性分子也可以是正离子或者负离子；酸较它的共轭碱多一个正电荷，有些物质即可以给出质子，也可以获得质子，称为酸碱两性物质，如 HCO_3^-。

(2) 酸碱反应的前提是给出质子的物质和接受质子的物质同时存在，实际是两个共轭酸碱对共同作用的结果，也就是两个酸碱半反应共同作用的结果；酸碱反应的实质就是质子的转移过程；酸或者碱的解离必须有 H_2O 的参加。一般情况下，表示酸碱反应的反应式，不写出与溶剂的作用过程（此时简化方程式不能看作是酸碱半反应）。

(3) 酸碱反应的平衡常数（解离常数）：凡是能把 H^+ 给予溶剂能力大的，其酸的强度就强；相反，从溶剂中夺取 H^+ 能力大的，其碱的强度就大；这种给出或者获得质子能力的大小，通常用酸碱在水中（溶剂中）的解离常数的大小来衡量，酸碱的解离常数越大酸碱性越强；酸碱的解离常数分别用 K_a 和 K_b 表示。

(4) 水溶液中弱酸（碱）的各种型体分布计算：水分析化学中，水溶液中某种溶质的浓度称为分析浓度，它是溶液中溶质各种型体的浓度的总和，又称为总浓度，用符号 C 表示（总浓度——分析浓度）。当反应达到平衡时，水溶液中溶质某种型体的实际浓度称为平衡浓度，通常用 [ ] 表示（某种型体的实际浓度——平衡浓度）。在酸碱平衡体系中，酸和碱以各种不同型体存在，并随着 pH 的改变而有规律性的变化。溶液中某酸碱组分平衡浓度占总浓度分数称为分布分数或者摩尔分数，以 δ 表示，分布分数取决于该酸碱物质的性质和溶液中 H^+ 的浓度，而与总浓度无关。δ 的大小能定量说明溶液中各种酸碱组分的分布情况。

(5) 质子条件式（PBE）：根据酸碱质子理论，在酸碱反应达到平衡时，酸给出的质子数必须等于碱得到的质子数，这种得失质子的物质的量（mol）相等关系称为质子平衡条件，其数学表达式称为质子平衡方程式或者质子条件式（PBE）。质子条件式可以通过溶液中得失质子的关系直接导出。一般将原始的酸碱组分，即与质子转移直接相关的溶质或者溶剂，作为质子参考水准又称零水准。少了质子的就是失质子产物，多了质子的就是得质子产物。

2. 溶液 pH 计算

酸碱溶液中氢离子浓度可以通过质子条件式和有关的平衡式求得。离子浓度的求解可以采用精确计算公式和近似计算式，实际工作中，常用的是近似计算式。酸碱溶液公式见表 5-1。

表 5-1　　　　　　　　酸碱溶液公式

一元弱酸	多元弱酸	两性物质	缓冲溶液/共轭酸碱
$[H^+] = \sqrt{K_a c_{酸}}$	$[H^+] = \sqrt{K_{a1} c_{酸}}$	$[H^+] = \sqrt{K_{a1} K_{a2}}$	$[H^+] \approx K_a \dfrac{c_a}{c_b}$ $pH = pK_a - \lg \dfrac{c_a}{c_b}$

3. 缓冲溶液

(1) 概念。

1) 缓冲溶液：具有缓冲作用的溶液。

2) 缓冲作用：向溶液中加入少量的酸或碱，或由于化学反应产生少量的酸或碱，或将溶液稍加稀释，溶液的酸度都能基本保持不变，这种作用称为缓冲作用。

(2) 分类。

1) 一般缓冲溶液：弱酸及其共轭碱（弱碱及其共轭酸）所组成，如 HAc^-/Ac^-，NH_4^+/NH_3 等，用于控制溶液的酸碱度。

2）标准酸碱缓冲溶液：由两性物质或共轭酸碱对组成，用作测量 pH 的参照溶液。

（3）缓冲溶液的作用。缓冲溶液一般是由浓度较大的弱酸及其共轭碱所组成，如 HAc^-/Ac^-，NH_4^+/NH_3 等，具有抗外加酸碱、抗稀释的作用。

高浓度的强酸或强碱溶液（pH<2 或 pH>12）也具有一定的缓冲能力，它们具有抗外加酸碱作用，但不抗稀释作用。

（4）补充。同离子效应指在弱电解质溶液中，如果加入含有该弱电解质相同离子的强电解质，就会使该弱电解质的电离度降低的效应。

4．指示剂

（1）概念：酸碱指示剂一般是有机弱酸或有机弱碱，其共轭酸碱结构不同，具有明显不同的颜色。

（2）酸碱指示剂的作用原理（甲基橙）如下：

（3）常见酸碱指示剂的变色范围和理论变色点。

理论变色点的 pH 为

$$\mathrm{pH} = pK_a \tag{5-8}$$

此点称为指示剂的理论变色点，指示剂在变色点时所显示的颜色是酸式色和碱式色的混合色。

实际应用中，指示剂的变色范围越窄越好，这样在计量点时，pH 稍有改变，指示剂即可由一种颜色变到另一种颜色。理论变色范围为 $\mathrm{pH}=pK_a\pm1$。

1）甲基橙：3.1~4.4 酸红碱黄理论变色点 3.4。

2) 甲基红：4.4~6.2酸红碱黄理论变色点5.2。

3) 酚酞：8.0~9.8酸无碱红理论变色点9.1。

5.2.2 酸碱滴定

1. 酸碱滴定需要掌握的重点

需要掌握强碱滴定强酸和强碱滴定弱酸这两个滴定过程。

2. 滴定突跃

(1) 滴定突跃范围：计量点前后所包括的pH范围称为滴定突跃范围，滴定突跃范围是选择指示剂的依据。

(2) 滴定突跃大小：与滴定液和被滴定液的浓度有关，如果是等浓度的强酸和强碱相互滴定，其滴定起始浓度减少一个数量级，则滴定突跃缩小两个pH单位。

3. 强碱滴定强酸

(1) 0.1mol/L NaOH 滴定 0.1 mol/L HCl，滴定突跃范围4.3~9.7。

(2) 1mol/L NaOH 滴定 1mol/L HCl，滴定突跃范围3.3~10.2。

(3) 0.01mol/L NaOH 滴定 0.01mol/L HCl，滴定突跃范围5.3~8.7。

计量点前后，从HCl剩余0.02mL到NaOH过量0.02mL，即滴定由不足0.1%到过量0.1%，总共滴入NaOH约1滴左右，溶液的pH却从4.30增加到了9.70，改变了5.4个pH单位，形成滴定曲线中的突跃部分。它所包括的pH范围称为滴定突跃范围，滴定突跃范围是选择指示剂的依据。

4. 强碱滴定弱酸

(1) 0.1mol/L NaOH 滴定 0.1mol/L 的 HAc（HAc 的 pK_a 为4.74），滴定突跃范围为7.7~9.7。

(2) 0.1mol/L NaOH 滴定 0.1mol/L 的 HCOOH（HCOOH 的 pK_a 为 3.74），滴定突跃范围为 6.7～9.7。

5.2.3 碱度测定

碱度的测定采用连续滴定法。

碱度：水中所含能接受质子的物质的总量。

酸度：水中所含能给出质子的物质的总量。

碱度的组成：强碱，弱碱和强碱弱酸盐。

取一定体积水样，首先以酚酞为指示剂，用酸标准溶液滴定至终点，消耗酸标准溶液的量为 P (mL)，接着以甲基橙为指示剂，再用酸标准溶液滴定至终点，消耗酸标准溶液的量为 M (mL)。

(1) 当水样中首先加酚酞指示剂，用酸滴定，溶液由桃红色变为无色，pH=8.3，消耗酸标准溶液的量为 P (mL)，一般以酚酞为指示剂，滴定的碱度为酚酞碱度，有

$$P = OH^- + 0.5CO_3^{2-} \tag{5-9}$$

(2) 接着以甲基橙为指示剂，用酸滴定，溶液由橘黄色变为橘红色，pH=4.4，消耗酸标准溶液的量为 M (mL)，有

$$M = HCO_3^- + 0.5CO_3^{2-} \tag{5-10}$$

(3) 总碱度（甲基橙碱度 T）等于 $P+M$。P 与 M 的关系见表 5-2。

表 5-2　　　　　P 与 M 的关系

水样中的碱度	水样 pH	P 和 M 的关系	OH^- 碱度	CO_3^{2-} 碱度	HCO_3^- 碱度	总碱度
只有 OH^- 碱度	>10	$P>0$, $M=0$	P	0	0	P

续表

水样中的碱度	水样 pH	P 和 M 的关系	OH^- 碱度	CO_3^{2-} 碱度	HCO_3^- 碱度	总碱度
OH^-, CO_3^{2-}	>10	$P>M$	$P-M$	$2M$	0	$P+M$
CO_3^{2-}	>9.5	$P=M$	0	$2P=2M$	0	$2P=2M$
CO_3^{2-}, HCO_3^-	=9.5~8.5	$P<M$	0	$2P$	$M-P$	$P+M$
HCO_3^-	<8.3	$P=0, M>0$	0	0	M	M

5.3 络合滴定

5.3.1 络合反应基本概念

1. 络合物的概念

许多金属离子（M）与多种配位体（L）通过配位共价键形成的化合物称为络合物或者配位络合物。

如 $K_4Fe(CN)_6$，即在亚铁氰化钾络合物中，$Fe(CN)_6^{4-}$ 称为络离子，络离子中的金属离子（Fe^{2+}）称为中心离子，与中心离子结合的阴离子（CN^-）叫做配位体，配位体也可以是中性分子，配位体中直接与中心离子络合的原子叫做配位原子，与中心离子络合的配位原子的数目叫做配位数。

2. 络合反应和平衡常数的概念

络合反应

$$M + L = ML \tag{5-11}$$

络合反应平衡常数，也叫络合物的稳定常数，为

$$K_稳 = \frac{[ML]}{[M][L]} \tag{5-12}$$

络合物的解离反应是络合反应的逆反应，络合物的不稳定常数为

$$K_{\text{不稳}} = \frac{1}{K_{\text{稳}}} = \frac{[M][L]}{[ML]} \quad (5-13)$$

3. 稳定常数 K 的常见规律

(1) 两种同类型络合物 $K_{\text{稳}}$ 不同,在络合反应中形成络合物的先后次序也不同,凡是 $K_{\text{稳}}$ 大者先络合,小者后络合。

(2) 同一种金属离子与不同络合剂形成的络合物的稳定性 ($K_{\text{稳}}$) 不同时,则络合剂可以相互置换。

4. 有机络合剂 (EDTA)

乙二胺四乙酸(简称 EDTA 或者 EDTA 酸),用 H_4Y 表示分子式,为四元酸,在水溶液中,EDTA 分子中互为对角线上的两个羧酸的 H^+ 会转移至 N 原子上,形成双偶极离子,即

$$\begin{array}{c} \text{HOOCH}_2\text{C} \quad\quad\quad\quad\quad\quad \text{CH}_2\text{COO}^- \\ \diagdown \overset{H}{\underset{+}{N}} - \text{CH}_2 - \text{CH}_2 - \overset{H}{\underset{+}{N}} \diagup \\ ^-\text{OOCH}_2\text{C} \quad\quad\quad\quad\quad\quad \text{CH}_2\text{COOH} \end{array}$$

$$(5-14)$$

氨羧类络合剂,简称 EDTA,以双极离子形式存在,四元酸,用 H_4Y 表示,主要的络合滴定剂,并被广泛用作掩蔽剂。在水中溶解度小,0.02g/100mL,在实际中常使用 EDTA 二钠盐,也简称 EDTA 11.1g/100mL 水,约 0.3mol/L。在任何水溶液中,EDTA 总是以 H_6Y^{2+}、H_5Y^+、H_4Y、H_3Y^-、H_2Y^{2-}、HY^{3-}、Y^{4-} 这 7 种形式存在。

5.3.2 影响络合反应的因素

1. 酸效应系数

pH 对 EDTA 的解离平衡有重要影响,这种由于 $[H^+]$ 的存在,使得络合剂参加主体反应能力降低的效应称为酸效应,有

$$a_{Y(H)} = \frac{[Y']}{[Y]} \quad (5-15)$$

式中 $[Y']$——一定 pH 溶液中，EDTA 的各种存在形式的总浓度；

$[Y]$——能参加配位反应的有效存在形式 Y^{4-} 的平衡浓度。

2. 络合滴定中的条件稳定常数

$$K'_{MY}：\lg K'_{MY} = \lg K_{MY} - \lg a_{Y(H)} \qquad (5-16)$$

需要注意：

（1）$K'_稳$ 表示在 pH 外界因素影响下，络合物的实际稳定程度。

（2）只有在一定 pH 时，$K'_稳$ 才是定值，pH 改变，$K'_稳$ 也改变。

（3）$K'_稳 = \lg K_稳 - \lg a_{Y(H)}$；由于 pH 越大，$a_{Y(H)}$ 小，则条件稳定常数 $K'_稳$ 越大，形成络合物越稳定，对络合滴定越有利。

（4）溶液中 $[H^+]$ 越大，pH 越小，$a_{Y(H)}$ 越大，K'_{MY} 越小，络合物越不稳定，pM 突跃范围越窄。

3. 络合滴定对 K'_{MY} 的要求

$\lg c K'_{MY} \geqslant 6$，当 $c_M = 0.01 \text{mol/L}$ 时，$K'_{MY} \geqslant 8$。

5.3.3 络合反应的应用

1. 典型络合滴定的应用

（1）总硬度的测定。

1）被滴定离子：Ca^{2+}，Mg^{2+}。

2）滴定剂：EDTA（乙二胺四乙酸）因其溶解度小常用其二钠盐代替。

3）指示剂。

铬黑 T 滴定条件：pH=10.0（NH_3/NH_4Cl）缓冲液。

（2）Ca^{2+} 的测定。

1）被滴定离子：Ca^{2+}。

2）滴定剂：EDTA。

3）指示剂：钙指示剂。

4）滴定条件：pH=12（加 NaOH，使 Mg^{2+} 以沉淀方式被掩蔽）。

5.4 沉 淀 滴 定

5.4.1 沉淀滴定一些基本概念

1. 溶解度

（1）固体及少量液体物质的溶解度是指：在一定的温度下，某固体物质在100g溶剂里（通常为水）达到饱和状态时所能溶解的质量（在一定温度下，100g溶剂里溶解某物质的最大量），用字母 S 表示，其单位是"g/100g水（g）"。在未注明的情况下，通常溶解度指的是物质在水里的溶解度。

（2）在纯水中，微溶化合物 MA 的溶解度很小，令 S_0 为 MA 的溶解度，则

$$S_0 = [M^+] = [L^-] \quad (5-17)$$

2. 活度积和溶度积

$$MA_{(s)} \rightleftharpoons M^+_{(L)} = [L^-] \quad (5-18)$$

该反应的反应平衡常数 K 为活度积，而我们在这里认为溶度积近似等于活度积。

5.4.2 影响沉淀平衡的因素

1. 影响沉淀溶度积的因素

（1）同离子效应：如果这溶液中加入构晶离子而使得沉淀溶解度减小的现象称为沉淀溶解平衡中的同离子效应。

（2）盐效应：在微溶化合物的饱和溶液中，加入其易溶强电解质而使得沉淀的溶解度增大的现象称为盐效应。

(3) 酸效应：溶液的 pH 对沉淀溶解度的影响称为酸效应。如果沉淀是强酸盐，其溶解度受 pH 影响较小，如果是弱酸盐，酸效应就很显著，因此，弱酸盐，多元酸盐需要在碱性条件下沉淀。

(4) 络合效应：当溶液中存在某种络合剂，能与构晶离子生成可溶性络合物，使沉淀溶解度增大，甚至不产生沉淀的效应称为络合效应。

(5) 其他效应：温度（一般正相关）；溶剂（水中大于有机溶剂中）；沉淀颗粒的大小（小颗粒的溶解度大）。

2. 分步沉淀理论和沉淀转化理论

(1) 分沉淀理论利用溶度积 K_{sp} 大小不同进行先后沉淀的作用称为分步滴定，凡是先达到溶度积的，先沉淀；后达到溶度积的，后沉淀。

(2) 沉淀转化理论：将微溶化合物转变为更难溶的化合物叫做沉淀的转化。比如，当微溶化合物 AgCl 的溶液中，达到沉淀溶解平衡后，加入硫氰酸铵 NH_4SCN 溶液，生成更难溶化合物硫氰酸银 AgSCN。

5.4.3 沉淀滴定的应用

1. 莫尔法及应用

(1) 概念：莫尔（Mohr）法是用铬酸钾为指示剂，在中性或弱碱性溶液中，用硝酸银标准溶液直接滴定氯离子（或溴离子）。根据分步沉淀的原理，首先是生成 AgCl 沉淀，随硝酸银不断加入，溶液中氯离子越来越小，银离子则相应地增大，砖红色铬酸银沉淀的出现指示滴定终点。

(2) 原理：已知 $K_{sp(AgCl)}=1.8\times10^{-10}$，$K_{sp(Ag_2CrO_4)}=1.2\times10^{-12}$，$K_{sp(AgCl)}>K_{sp(Ag_2CrO_4)}$，按照分步沉淀原理则应是铬酸银先析出，与实际情况不符。实际上，AgCl 是 AB 型难溶物，

铬酸银是 A_2B 型难溶物,不能单纯通过比较溶度积常数 K_{sp} 来确定,而是应该计算沉淀时谁需要的 Ag^+ 的浓度小谁先析出。

(3) 实例:被滴定离子为 Cl^-,滴定剂为 $AgNO_3$,指示剂为 K_2CrO_4(铬酸钾)。滴定条件为 pH=6.5~10.5(中性或弱碱性),酸性条件下 $CrO_4^{2-}+2H^+=Cr_2O_7^{2-}+2H_2O$;水样中如 NH_4^+ 存在,控制 pH=6.5~7.2,碱性条件下 $Ag^++NH_3 \rightarrow Ag(NH_3)_2^+$。

计算为

$$c(Cl^-, mg/L) = \frac{c_{AgNO_3}(V-V_0) \times 35.45 \times 1000}{V_{水}}$$

(5-19)

式中 V——水样消耗 $AgNO_3$ 标准溶液量,mL;

V_0——空白消耗 $AgNO_3$ 标准溶液量,mL。

莫尔法需注意:①过酸碱性误差分析;②接近终点剧烈摇晃,防止 AgCl 吸附 Cl^-;③莫尔法不适用于 I^- 和 SCN^-,因为吸附作用太强。

2. 佛尔哈德法

指示剂:$NH_4Fe(SO_4)_2$(铁铵矾)。

应用:直接滴定法测水中的 Ag^+(滴定剂:NH_4SCN)。

返滴定法测水中卤素离子。

5.5 氧化还原滴定

5.5.1 氧化还原反应基本概念

1. 氧化还原滴定曲线

氧化还原滴定过程:随着滴定剂的加入,氧化态和还原态的浓度逐渐改变,两个点对的电极电位不断发生变化,化学计量点附近有一电位的突跃。以滴定剂的体积为横坐标,点对的电极电位为纵坐标绘制氧化还原滴定曲线。

滴定的过程中存在两个电对:滴定剂点对和被滴定物点对。滴定在等当点前,常用被滴定物点对进行计算;滴定在等当点后,常用滴定剂点对进行计算。

氧化还原滴定曲线如图 5-1 所示。

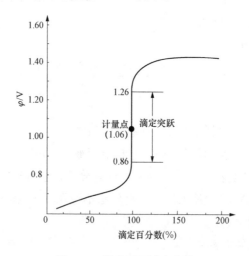

图 5-1 氧化还原滴定曲线

2. 氧化还原反应和电极电位

电极电位(表征氧化剂的氧化能力或者还原剂的还原能力的大小,可逆氧化还原电对的电极电位可用能斯特方程求得),半反应为

$$Ox + ne^- \rightleftharpoons Red$$

$$\varphi_{Ox/Red} = \varphi_{Ox/Red}^{\ominus\prime} + \frac{0.059}{n} \lg \frac{c_{Ox}}{c_{Red}} \qquad (5-20)$$

3. 标准电极电位

$\varphi_{Ox/Red}^{\ominus}$ 它的大小只与电对的本性及温度有关,在温度一定时为常数。在实际分析中,电极电位表达为

$$\varphi_{Ox/Red} = \varphi_{Ox/Red}^{\ominus} + \frac{0.059}{n} \lg \frac{a_{Ox}}{a_{Red}} \qquad (5-21)$$

用浓度代替活度的电极电位,该值越大,其氧化态的氧化能力越强(还原态的还原能力越弱);该值越小,其还原态的还原能力越强(氧化态的氧化能力越弱)。

可以据此判断氧化还原反应进行的方向,凡是电对的电极电位大的氧化态物质可以氧化电极电位小的还原态物质。

4. 条件电极电位

实际中,溶液中离子强度往往不能忽略,故不能直接用浓度来代替活度,必须考虑离子强度和氧化态或者还原态的存在型体这两个因素。

外界条件对电极电位的影响主要表现在以下几方面:①温度;②离子强度;③有 H^+(或者 OH^-)参与反应时,pH 对条件电极电位有影响;④配位,沉淀等副反应使得反应有效浓度降低。

5. 氧化还原指示剂

(1) 自身指示剂:由于本身的颜色变化起着指示剂的作用,所以被称为自身指示剂。如高锰酸钾。

(2) 专属指示剂:有些物质本身不具有氧化还原性质,但它能与氧化剂或还原剂产生特殊颜色,因而可指示滴定终点。这类特殊物质称为专属指示剂,如淀粉指示剂。

(3) 氧化还原指示剂:氧化还原指示剂本身是氧化剂或还原剂,其氧化态和还原态具有不同的颜色。在计量点前后,由于氧化态变为还原态或由还原态变为氧化态而发生颜色突变,

指示终点。

选择氧化还原指示剂原则：指示剂的变色电位应在滴定的电位突跃范围内，且应尽量使指示剂的变色电位与计量点电位一致或者接近。

5.5.2 常用氧化还原滴定法（高锰酸钾法）

氧化还原滴定法，根据使用滴定剂的不同，分为高锰酸钾法、重铬酸钾法、碘量法、溴酸钾法等，需要掌握高锰酸钾法、重铬酸钾法、碘量法。

1. 高锰酸盐指数

在一定条件下，每升水中还原性物质被高锰酸钾氧化所消耗高锰酸钾的量，以氧的"mg/L"表示。（常以 OC 或 COD_{Mn} 表示）。

2. 高锰酸钾法

以 $KMnO_4$ 当滴定剂的方法，主要用于测定水中高锰酸盐指数，常用于表达净水中有机污染物的含量；高锰酸钾，暗紫色棱柱状闪光晶体，易溶于水，水溶液具有强的氧化性，遇还原剂时反应产物视溶液的酸碱性而有差异。高锰酸盐指数的测定常采用酸性高锰酸钾法或者碱性高锰酸钾法。高锰酸钾法原理：利用 $KMnO_4$ 的强氧化性。

使用高锰酸钾法，应注意：①控制反应温度在 70～85℃，温度过低反应慢，过高草酸分解；②反应催化剂是 Mn^{2+}；③Cl^- 浓度大于 300mg/L 时发生诱导反应使结果偏高；④锰酸钾法只适用于比较清洁的水样，不适用于污水；⑤在强酸溶液中，$MnO_4^- \rightarrow Mn^{2+}$；⑥在弱酸性、中性或弱碱性溶液中，$MnO_4^- \rightarrow MnO_2$；⑦在大于 2mol/L 的强碱性溶液中，$MnO_4^- \rightarrow MnO_4^{2-}$。

(1) 酸性高锰酸钾法。滴定过程：水样在酸性条件下，加

入过量 $KMnO_4$ 标准溶液（V_1），加热一定时间，使其与有机物充分反应。再加入过量的 $Na_2C_2O_4$ 标准溶液（V_2），还原剩余的 $KMnO_4$。最后用 $KMnO_4$ 标准溶液回滴剩余的 $Na_2C_2O_4$ 滴定至粉红色，在 $0.5\sim1min$ 内不消失为止，消耗的 $KMnO_4$ 标准溶液为（V_1'）。计算如下（历年考试未考过计算，此处了解即可）：

$$高锰酸盐指数(O_2 mg/L) = \frac{[(V_1+V_1')c_1 - V_2c_2] \times 8 \times 1000}{V_水(mL)}$$

(5-22)

式中　c_1——$1/5 KMnO_4$ 浓度，mol/L；

V_1——第一次过量加入的 $KMnO_4$ 标准溶液的体积，mL；

V_1'——用于回滴剩余 $Na_2C_2O_4$ 所消耗的 $KMnO_4$ 标准溶液的体积，mL；

c_2——$1/2 Na_2C_2O_4$ 浓度，mol/L；

V_2——加入的 $Na_2C_2O_4$ 标准溶液的体积，mL；

8——$1/4 O_2$，g/mol；

$V_水$——水样的体积。

（2）碱性高锰酸钾法。碱性高锰酸钾法与酸性高锰酸钾法的基本原理类似。所不同的是在碱性条件下反应，可加快高锰酸钾和水中有机物（含还原性无机物）的反应速度，且由于在此条件下 $\varphi_{MnO_4^-/MnO_2}$（0.588V）$<\varphi_{Cl_2/Cl^-}$（1.395V），Cl^- 含量较高，也不干扰测定。碱性高锰酸钾法还可用于甲醇等已知有机物浓度的测定。

水样在碱性溶液中，加入一定量的高锰酸钾溶液，加热使高锰酸钾与水中的有机物和某些还原性的无机物反应完全，以后同酸性高锰酸钾法，即加酸酸化，加入过量的 $Na_2C_2O_4$ 溶液还原反应后剩余的高锰酸钾，再以高锰酸钾溶液滴定至粉红色 0.5~1min 内不消失。高锰酸盐指数的计算方法同酸性高锰酸钾法。

5.5.3 重铬酸钾法滴定原理

1. 重铬酸钾的性质

重铬酸钾 $K_2Cr_2O_7$，橙红色晶体，溶于水，主要特点如下：

（1）固体或试剂易纯制且很稳定，可作为基准物质，在 120℃干燥 2~4h，可以直接配置标准溶液，而不需要标定。

（2）$K_2Cr_2O_7$ 标准溶液非常稳定，只要保存在密闭容器中，浓度可以长期保持不变。

（3）滴定反应速度较快，通常可在常温下滴定，一般不需要加入催化剂。

（4）需要外加指示剂，不能根据本身颜色变化来确定滴定终点。使用二苯胺磺酸钠或者试亚铁灵作为指示剂。

（5）滴定过程中，重铬酸根离子被还原为绿色的 Cr^{3+}，但是由于重铬酸钾溶液浓度较稀，颜色不是很深，因此要外加指示剂。

2. 重铬酸钾法滴定（非重点，了解即可）

（1）原理：利用 $K_2Cr_2O_7$ 的强氧化性。反应式为

$$2Cr_2O_7^{2-} + 3C + 16H^+ \rightleftharpoons 4Cr^{3+} + 3CO_2 + 8H_2O$$

$$Fe^{2+} + Cr_2O_7^{2-} + 14H^+ \rightleftharpoons Fe^{3+} + 2Cr^{3+} + 7H_2O$$

(5-23)

（2）滴定剂：$K_2Cr_2O_7$。

（3）指示剂：试亚铁灵。

（4）催化剂：Ag_2SO_4。

（5）回滴剂：$(NH_4)_2Fe(SO_4)_2$。

（6）计算（未考过，了解即可）

$$\mathrm{COD_{Cr}(mgO_2/L)} = \frac{[V_0 - V_1]c \times 8 \times 1000}{V_水(\mathrm{mL})} \quad (5-24)$$

式中　c——$(NH_4)_2Fe(SO_4)_2$ 标准溶液的浓度，mol/L；

V_0——空白试验消耗 $(NH_4)_2Fe(SO_4)_2$ 标准溶液的量，mL；

V_1——滴定水样时消耗 $(NH_4)_2Fe(SO_4)_2$ 标准溶液的量，mL；

8——$1/4O_2$，g/mol。

(7) 显色过程。

1) 加入试亚铁灵指示剂之前：重铬酸根为紫红色，三价铬离子为绿色，整体显示为橙黄色。

2) 加入试亚铁灵指示剂和硫酸亚铁铵后，没到计量点前：重铬酸根为紫红色，三价铬离子为绿色，试亚铁灵和三价铁离子结合的浅蓝色，综合颜色是蓝绿色。

3) 到达计量点后：三价铬离子为绿色，试亚铁灵和二价铁离子结合的红色以及二价铁离子自身的浅绿色，综合颜色为棕红色。

(8) 采用重铬酸钾法，应注意：①重铬酸钾法用于测量污水 COD；②反应过程需要加热；③水样中的氯离子干扰反应，加入 Hg^{2+} 与氯离子生成络合物消除干扰（偏大）；④加热回流后，溶液呈强酸性，应加蒸馏水进行稀释，否则酸性太强，指示剂失去作用；⑤加热回流之后，溶液呈橙黄色（若显绿色，说明加入的重铬酸钾的量不足，应补加），以试亚铁灵为指示剂，终点由橙黄色经蓝绿色逐渐变为蓝色后，立即转为棕色即达到终点；⑥同时应该取无有机物的蒸馏水做空白试验，以消除试剂和蒸馏水中还原性物质的干扰所引起的系统误差（误差分析）。

5.5.4 碘量法滴定

1. 碘量法的定义

在酸性溶液中,水样中氧化性物质与碘化钾 KI 作用,定量释放出 I_2,以淀粉为指示剂,用硫代硫酸钠 $Na_2S_2O_3$,标准溶液滴定至蓝色消失为滴定终点。以淀粉为指示剂,用硫代硫酸钠 $Na_2S_2O_3$ 的标准溶液滴定至蓝色消失为滴定终点。根据 $Na_2S_2O_3$ 标准溶液的用量,间接求出水中氧化性物质的含量的方法为碘量法。

2. 直接碘量法(测定还原性物质较少用)

利用 I_2 标准溶液直接滴定 S^{2-}、SO_3^{2-} 等还原性物质的方法称为碘量法。碘量法的基本反应为

$$I_2 + 2e^- \rightleftharpoons 2I^- \qquad (5-25)$$

其中 I_2 为较弱的氧化剂,只有少数还原能力较强,且不受 H^+ 浓度影响的物质,才能定量发生反应。

碘滴定法必须在中性或酸性溶液中进行,否则在碱性溶液中,I_2 发生歧化反应为

$$3I_2 + 6OH^- \rightleftharpoons IO_3^- + 5I^- + H_2O \qquad (5-26)$$

所以,直接碘量法的应用受到限制。

溶液的颜色变化:由蓝色变为无色。

3. 间接碘量法(测定氧化性物质)

间接碘量法即利用 $Na_2S_2O_3$ 标准溶液间接滴定碘化钾(I^-)被氧化并定量析出的 I_2,求出氧化性物质含量的方法。

I^- 是中等强度的还原剂,能被许多氧化性物质氧化生产 I_2,然后用 $Na_2S_2O_3$ 标准溶液滴定生成碘单质,以淀粉为指示剂,滴定至蓝色消失,根据消耗的硫代硫酸钠标准溶液的量间接求出氧化性物质的量。

间接碘量法产生误差的原因：①溶液呈碱性，偏低；②碘单质挥发，偏低；③I^-被空气氧化成I_2，偏低。

5.5.5 TOC/TOD

1. 总需氧量

水中有机物和还原性无机物在高温下燃烧生成稳定的氧化物时需氧量，以 TOD（mgO_2/L）表示。

2. 总有机碳

用碳的含量表示水样中的有机物质总量，用 TOC（mgC/L）表示。

5.6 吸收光谱法

5.6.1 朗伯—比耳定律

1. 公式

$$A = \varepsilon bc \quad (5-27)$$

式中 A——吸光度；

ε——摩尔吸光系数，L/（mol·cm）；

b——液层厚度，cm；

c——溶液浓度，mol/L。

2. A 与透光率 T 的关系

$$A = -\lg T \quad (5-28)$$

5.6.2 光度计

1. 原子分光光度计

组成：光源、原子化器、单色器、检测器、记录仪。

2. 可见光分光光度计

组成：光源、单色器、吸收池、检测器、记录仪。

5.7 电化学分析法

5.7.1 原理和分类

利用物质的电学性质和化学性质之间的关系来测定物质含量的方法为电化学分析法,在水质分析中,主要有电位分析法、电导分析法、库伦分析法和极谱分析法等。

1. 直接电位法

通过测定原电池电动势来确定待测离子活度的方法。

2. 电位滴定法

通过测定滴定过程中原电池电动势变化来确定滴定终点,并由滴定剂的用量来求出被测物质含量的方法。又称为间接电位分析法。

3. 指示电极

(1) 金属/金属难溶盐电极。

银—氯化银电极

$$Ag, AgCl(固) | Cl^- \tag{5-29}$$

甘汞电极

$$Hg, Hg_2Cl_2(固) | Cl^- \tag{5-30}$$

(2) 均相氧化还原电极(惰性电极)。

$$Pt | Fe^{3+}, Fe^{2+} \tag{5-31}$$

5.7.2 直接电位分析法

1. pH 测定

指示电极:pH 玻璃膜电极(内参比电极为 Ag-AgCl 电极,使用前浸泡 24h 以上)。

参比电极:饱和甘汞电极。

pH 计算公式为

$$\varphi_{\text{膜}} = 0.059 \lg a_{H^+} \tag{5-32}$$

$$\varphi_{\text{电池}} = \varphi_{\text{甘}} - \varphi_{\text{膜}} \tag{5-33}$$

$$pH = \frac{\varphi_{\text{电池}} - \varphi_{\text{甘}}}{0.059} \tag{5-34}$$

式中 $\varphi_{\text{电池}}$——电池的两极的电位差,mV;

$\varphi_{\text{甘}}$——参比电极的电位,为常数,mV。

2. 氟离子含量测定

指示电极:氟离子选择电极(由内参比电极,内参比溶液,功能膜,电极管组成)。

参比电极:饱和甘汞电极。

25℃时饱和甘汞电极的电位值是0.2415V。

3. 总离子强度调节缓冲溶液(TISAB)的组分以及作用

(1)NaCl:保持总离子强度,防止分析溶液由于离子活度之间的差异而引起误差。

(2)柠檬酸钠:掩蔽干扰离子(如铁、钙、镁、铝等金属离子)防止形成络合物或沉淀。

(3)缓冲对:控制溶液的pH防止酸碱副反应的发生。

4. 电位滴定法的常用指示电极

(1)酸碱滴定:玻璃电极。

(2)氧化还原滴定:铂电极。

(3)涉及 FF 的滴定:氟电极。

(4)用 Ag^+ 滴定卤素离子:银电极。

注册公用设备工程师执业资格考试 考点速记
给水排水专业基础

第 6 章
工程测量

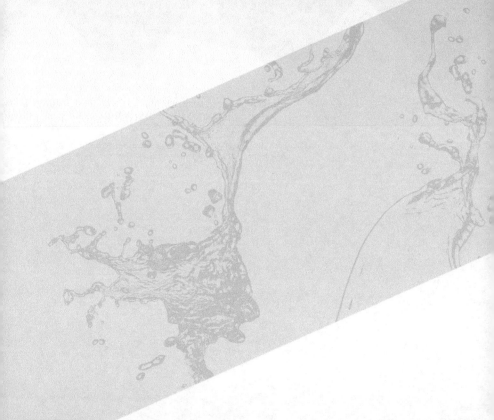

第6章

工程测量

6.1 测量误差基本知识

6.1.1 测量误差

1. 真误差 Δ

$$\Delta_i = l_i - X \tag{6-1}$$

式中 l_i——观测值；

X——真值。

2. 中误差 m

$$m = \pm\sqrt{\frac{\Delta_1^2 + \Delta_2^2 + \cdots + \Delta_n^2}{n}} = \pm\sqrt{\frac{[\Delta\Delta]}{n}} \tag{6-2}$$

式中 n——观测次数。

3. 相对误差 k

$$k = \frac{|m|}{D} = \frac{1}{D/|m|} \tag{6-3}$$

式中 D——观测值。

在往返距离测量中，为

$$k = \frac{|D_{往} - D_{返}|}{D_{平均}} = \frac{|\Delta D|}{D_{平均}} = \frac{1}{D_{平均}/|\Delta D|} \tag{6-4}$$

式中 $D_{往}$——往测距离；

$D_{返}$——返侧距离；

$D_{平均}$——往返平均距离；

ΔD——往返距离之差。

6.1.2 观测值精度评定

1. 算术平均值 x

$$x = \frac{l_1 + l_2 + \cdots + l_n}{n} = \frac{[l]}{n} \tag{6-5}$$

式中 l_i——每次观测值；

[l]——多次观测值之和。

2. 观测值的改正数 v_i

$$v_i = x - l_i \tag{6-6}$$

3. 用观测值的改正数计算观测值的中误差 m

$$m = \pm \sqrt{\frac{[vv]}{n-1}} \tag{6-7}$$

式中 [vv]——改正数平方之和。

4. 算术平均值的中误差 M

$$M = \pm \frac{m}{\sqrt{n}} \tag{6-8}$$

6.1.3 误差传播定律

1. 倍数函数 $Z=kx$ 的中误差

$$m_z = km \tag{6-9}$$

式中 k——倍数函数的倍数值。

2. 和差函数 $Z=x_1 \pm x_2$ 的中误差

$$m_z = \pm \sqrt{m_1^2 + m_2^2} \tag{6-10}$$

式中 m_i——x_i 的中误差。

3. 线性函数 $Z=k_1x_1+k_2x_2+\cdots+k_nx_n+k_0$ 的中误差

$$m_z = \pm \sqrt{\left(\frac{\sigma Z}{\sigma x_1}\right)^2 m_1^2 + \left(\frac{\sigma Z}{\sigma x_2}\right)^2 m_2^2 + \cdots + \left(\frac{\sigma Z}{\sigma x_n}\right)^2 m_n^2}$$

$$\tag{6-11}$$

6.2 控 制 测 量

1. 高斯平面直角坐标系坐标增量计算

高斯平面直角坐标系以中央子午线方向为 X 轴，赤道在

投影面上的投影作为 Y 轴，有

$$\Delta x_{12} = x_2 - x_1 = D_{12}\cos\alpha_{12}$$
$$\Delta y_{12} = y_2 - y_1 = D_{12}\sin\alpha_{12} \tag{6-12}$$

式中　D_{12}——点 1 和点 2 之间距离；

$\quad\quad\alpha_{12}$——1 到 2 的方位角；

$\quad\quad\Delta x_{12}$——点 2 对点 1 X 方向的增量；

$\quad\quad\Delta y_{12}$——2 对点 1 Y 方向的增量；

$\quad\quad\alpha_{12}$——直线的坐标方位角。

2. 两点间的水平距离 D

$$D_{12} = \sqrt{(x_2-x_1)^2 + (y_2-y_1)^2} \tag{6-13}$$

式中　x_1、y_1——点 1 坐标；

$\quad\quad x_2$、y_2——点 2 坐标。

3. 正、反坐标方位角之间的关系

$$\alpha_{正} = \alpha_{反} \pm 180° \tag{6-14}$$

式中　$\alpha_{正}$——正方位角；

$\quad\quad\alpha_{反}$——反方位角。

坐标方位角 α 的取值范围为

$$\alpha = 0° \sim 360°$$

4. 坐标方位角的推算

$$\alpha_{前} = \alpha_{后} - \beta_{右} + 180°$$
$$\alpha_{前} = \alpha_{后} + \beta_{左} + 180° \tag{6-15}$$

式中　$\alpha_{前}$——待推算的坐标方位角；

$\quad\quad\alpha_{后}$——已知坐标方位角；

$\quad\beta_{右}$、$\beta_{左}$——位于导线前进方向左（右）侧的水平角。

注：由于 α 的取值范围为 $0°\sim360°$，故按式（6-15）推算出的 $\alpha > 360°$ 时，减 $360°$；$\alpha < 0$ 时，加 $360°$。

6.2.1 导线测量的内业计算

1. 角度闭合差的计算

n 边形闭合导线内角和的理论值应为

$$\sum \beta_{理} = (n-2) \times 180°$$

角度闭合差为

$$f_\beta = \sum \beta_{测} - \sum \beta_{理} = \sum \beta_{测} - (n-2) \times 180°$$

(6-16)

式中 $\sum \beta$——内角和；

f_β——角度闭合差。

2. 附合导线的计算

$$\alpha'_{终} = \alpha_{始} - \sum \beta_{右} + n \cdot 180°$$

$$\alpha'_{终} = \alpha_{始} + \sum \beta_{左} + n \cdot 180°$$

$$f_\beta = \alpha'_{终} - \alpha_{终}$$

式中 $\alpha_{始}$——初始方位角；

$\sum \beta_{左/右}$——左角或右角的和；

$\alpha'_{终}$——观测计算的终边方位角；

$\alpha_{终}$——已知终边方位角。

6.2.2 三角高程测量

AB 两点之间的高差为

$$h_{AB} = D\tan\alpha + i - v$$
$$h_{AB} = S\sin\alpha + i - v$$

(6-17)

式中 D——AB 两点间的水平距离；

S——AB 两点间的斜距；

α——竖直角；

i——仪器高；

v——觇标高。

B 点高程为

$$H_B = H_A + h_{AB} \qquad (6-18)$$

6.3 地形图测绘

1. 坡度

$$i = \frac{h}{D} \times 100\% = \frac{h}{dM} \times 100\% \qquad (6-19)$$

式中　h——两点的高差（等高距/地形图相邻两等高线之间的高差，同一地形图上的 h 都相等）；

　　　D——两点的水平距离；

　　　d——两点间图上长度（等高线平距）；

　　　M——地形图比例尺分母。

2. 经纬仪测图

实质：按极坐标法测定地物点，有

$$D = Kl\cos^2\alpha \qquad (6-20)$$

式中　K——视距乘常数，在仪器设计时常取 $K=100$；

　　　l——视距间隔，即上下丝读数之差；

　　　α——竖直角。

3. 用视距法测高程

$$h_{AB} = \frac{1}{2}Kl\sin2\alpha + i - v$$

$$H_B = H_A + h_{AB} \qquad (6-21)$$

6.4 建筑工程测量

6.4.1 测设已知高程

视线高法，计算为

$$H_A + a = H_B + b \qquad (6-22)$$

式中 H_A——水准点 A 的高程；

a——水准点 A 上水准尺的后视读数；

H_B——欲设计的 B 点高程；

b——竖立在 B 点的桩顶的尺上读数（前视尺读数）。

6.4.2 点的平面位置的测设

极坐标法，计算为

$$D_{AP} = \sqrt{(x_p - x_A)^2 + (y_p - y_A)^2} \qquad (6-23)$$
$$\beta = \alpha_{AB} - \alpha_{AP}$$

式中 D_{AP}——点 A 和点 P 间距离；

α_{AB}——AB 坐标方位角；

α_{AP}——AP 坐标方位角。